TRICKS
für verspielte
HUNDE

TRICKS
für verspielte
HUNDE

Sophie Collins

Dorling Kindersley
London, New York, Melbourne, München und Delhi

Creative Director Peter Bridgewater
Gestaltung Clare Barber
Projektleitung Jason Hook
Fotos Nick Ridley
Art Director Wayne Blades
Illustrationen Joanna Kerr
Lektorat Polita Anderson

Für die deutsche Ausgabe:
Programmleitung Monika Schlitzer
Projektbetreuung Regina Franke
Herstellungsleitung Dorothee Whittaker
Herstellung und Covergestaltung Beate Fellner
Coverfoto vorn schanz fotodesign

Bibliografische Information Der Deutschen Bibliothek
Die Deutsche Bibliothek verzeichnet diese Publikation
in der Deutschen Nationalbibliografie;
detaillierte bibliografische Daten sind im Internet über http://dnb.ddb.de abrufbar.

Titel der englischen Originalausgabe:
50 Tricks to teach your Dog

First published in T.F.H. Publications

© **Ivy Press**, 2010
210 High Street, Lewes, East Sussex BN7 2NS, UK
www.ivypress.co.uk

Übersetzung Scriptorium Köln: Wolfgang Beuchelt, Brigitte Rüßmann
Lektorat Heike Schmidt-Röger

ISBN 978-3-8310-1732-4

Colour origination by Ivy Press Reprographics
Printed and bound in China

Besuchen Sie uns im Internet
www.dorlingkindersley.de

Inhalt

Einleitung

Die meisten Hunde haben ein Lieblingsspiel und können zumindest ein Kunststück – selbst wenn sie nur das Stöckchen holen. Vielleicht liebt Ihr Hund dieses Spiel so sehr, dass Sie ihm nie etwas anderes beigebracht haben. Oder er interessiert sich nur für sein Quietschtier und ist für anderes kaum zu begeistern. Aber ist das nicht egal? Macht es einen Unterschied, wenn er vieles lernt oder mit vielem spielt?

Ja, das macht es! Denn Ihrem Hund wird die Abwechslung gut tun. Zum Beispiel bekommt er dabei Ihre Aufmerksamkeit! Hunde gehören, wie der Mensch, zu den wenigen Säugetieren, die auch im Erwachsenenalter spielen. Genau wie wir nutzen Hunde das Spielen, um zu lernen, Stress abzubauen und um den Kontakt untereinander zu pflegen. Zudem ist Spielen das beste Mittel gegen Langeweile. Und außerdem brauchen Hunde geistige und körperliche Anregung, um gesund und glücklich zu sein.

Das wichtigste ist, Ihre Position als Bezugsperson durch gemeinsames Spielen und Lernen zu festigen. Sie sind derjenige, von dem alles Gute (Belohnung, Spaß, Spiel) kommt und an den der Hund sich in schwierigen Situationen wendet. Besonders Hunde mit großem Freiheitsdrang lernen so spielerisch, sich erst bei Ihnen ein O.K. zu holen, bevor sie etwas unternehmen. Wenn Ihr Hund gelernt hat, dass Sie sein »Spaßzentrum« sind, wird er auch bei Ihnen Hilfe suchen, wenn er unsicher ist, statt sich auf seine Instinkte zu verlassen. Gute Instinkte sind für Wildhunde wichtig, doch im Zusammenleben mit Menschen ist die instinktive Reaktion für unsere Haushunde nicht immer die richtige.

Wichtige Grundregeln beim Lernen: Beginnen und beenden Sie jede Trainingseinheit – ob Spiel oder Erziehung – mit einer Übung, die Ihrem Hund Spaß macht. So wird jedes Training zum positiven Erlebnis, egal ob er schon etwas Neues gelernt hat oder nicht. Haben Sie Geduld! Manche Hunde lernen nun mal schneller als andere. Ein Welpe beherrscht die neue Übung schon nach sechs Trainings, ein anderer braucht dafür Wochen oder Monate. Aber auch wenn Sie keinen Einstein an Ihrer Seite haben, kann Ihr Vierbeiner Tricks erlernen, wenn Sie ruhig und positiv gestimmt mit ihm üben und ihm viel Zeit lassen. Das Training darf für den Hund nie frustrierend sein. Wenn er keine Lust mehr hat, ist das Training zu lang. Trainingseinheiten sollten immer kurz sein und beiden Spaß machen.

Immer schön sicher

Die Tricks und Spiele in diesem Buch bieten Möglichkeiten für alle Hunde, ob klein, groß, jung oder alt. Auch wenn Ihr Hund schon ein Senior ist und nie besonders viel gespielt oder gar Tricks gelernt hat, können Sie ihm noch ein paar einfache Dinge beibringen. Auf einigen Seiten finden Sie Sicherheitshinweise dazu, was Sie beim Spielen beachten sollten, und in den farblich unterlegten Textkästen finden Sie Anregungen, wie Sie das Spiel ideal an die Größe Ihres Hundes anpassen können.

Achten Sie immer auf Ihren Hund, wenn Sie ihm etwas Neues beibringen. Bereitet eine Bewegung ihm körperliches Unbehagen, wird er sie nicht ausführen wollen. Lehnt er ein bestimmtes Spiel also ab, obwohl er normalerweise alles für seine Leckerchen tun würde, ist es wohl das falsche Spiel für ihn. Es ist daher keine Sturheit, wenn ein Hund eine Übung ablehnt. Zwingen Sie den Hund nie zu etwas. Zwang bringt nicht nur keinen Erfolg, sondern kann

auch den negativen Effekt haben, dass der Hund vor Ihnen oder dem Spielen generell Angst bekommt.

Besonders Springen sollte sehr vorsichtig erlernt werden. Welpen dürfen ihre Gelenke nicht überlasten, solange sie noch wachsen. Alte Hunde mit Rückenproblemen oder steifen Hüften dürfen keine Spiele spielen, bei denen sie springen oder auf dem Bauch kriechen sollen. Für solche Hunde mit körperlichen Einschränkungen sind die Denksportaufgaben besser geeignet und eine gute Alternative.

Noch ein Warnhinweis: Nutzen Sie immer nur Dinge zum Spielen, die für den Hund ungefährlich sind. Für Such- und Bringspiele sind spezielle Hundespielsachen am sichersten. Wenn Ihr Hund besonders gerne knabbert und kaut, sollten Sie für Spiele, bei denen er Dinge einsammelt, nur ausreichend großes Spielzeug nutzen, das nicht gleich in seine Einzelteile zerlegt wird, wenn der Hund daran herumbeißt.

Wenn Sie diese Sicherheitshinweise beachten, können Sie sich begeistert dem Spielen widmen, ohne sich ständig Sorgen machen zu müssen. Ihr Hund wird es Ihnen mit viel Begeisterung danken, denn er wird die Zeit, die Sie Ihm widmen, rundum genießen.

Mit dem Hund arbeiten

Wenn Sie bisher nicht regelmäßig mit Ihrem Hund gespielt und trainiert haben, überlegen Sie zunächst, wo seine Stärken liegen. Denn egal, was Sie ihm beibringen möchten – den besten Erfolg haben Sie, wenn ihm der Trick liegt.

Was also macht Ihr Hund gerne? Rennt und springt er gerne herum? Wenn ja, dann sollten Sie wahrscheinlich mit einem ausgelassenen Spiel beginnen. Ist er eher nachdenklich? Dann ist eines der Denksportspiele vielleicht eher seine Sache. Welches Verhalten möchten Sie bei Ihrem Hund fördern? Es ist erstaunlich, wie viele Menschen ihrem Hund im Spiel beibringen, auf das Sofa zu springen, sich aber hinterher beschweren, wenn er auch außerhalb der Spielzeit aufs Sofa springt. Seien Sie also fair und bringen Sie ihm nur Dinge bei, die er auch tun darf, wenn Sie nicht spielen.

Bedenken Sie immer, was Ihre gemeinsame Zeit dem Hund zu bieten hat. Jeder Hund verbringt gerne Zeit mit seinem Menschen, aber es sollte sich auch auf andere Weise für ihn lohnen. Wenn er wenig Fortschritte beim Erlernen eines neuen Tricks macht, unterteilen Sie die Übung in viele kleine Lernschritte und belohnen Sie schon den kleinsten Lernerfolg. Trainieren Sie nie zu lang – fünf Minuten sind für einen Hund, der sich konzentriert und versucht herauszufinden, was Sie von ihm wollen, schon extrem lang. Sonst wird es schnell langweilig. Ihr Hund muss mit Begeisterung dabei sein und Sie und das Spiel mit etwas Positivem verbinden – dann wird es ein Erfolg.

Helfen Sie Ihrem Hund mit Ihrer Stimme. Zeigt er einen richtigen Ansatz, ermutigen Sie ihn mit einem hohen, begeisterten Tonfall, macht er etwas nicht richtig, nutzen Sie einen ruhigen, tiefen, sich räuspernden Tonfall. Bleiben Sie aber immer positiv. Hunde haben ein sehr feines Gespür für Stimmungen und manche sind besonders geräuschempfindlich. Schüchtern Sie den Hund nicht ein und werden Sie nicht laut, wenn Sie ungeduldig oder genervt sind. Gönnen Sie sich dann lieber gemeinsam mit Ihrem Hund eine kleine Pause, diese Auszeit macht Ihnen beiden wieder Lust aufs Lernen.

GÄHN!!!

Gute Kommandos

Wenn Menschen mit ihren Hunden Hilfe bei Hundetrainern und Tierpsychologen suchen, stellen diese häufig fest, dass es ein Kommunikationsproblem gibt: Aus Sicht des Hundes sagt der Mensch nicht genau, was er will und was er vom Hund erwartet! Wir Menschen vergessen nur allzu gern, dass Hunde unsere Sprache nicht verstehen können, auch wenn sie einzelne Kommandos unterscheiden lernen. Und wir interpretieren die Signale des Hundes oft falsch.

Es gibt ganze Bücher darüber, wie man seinen Hund »verstehen« kann und wie man gute Signale und Kommandos gibt, damit der Hund wirklich begreifen kann, was wir von ihm wollen. Viele dieser Bücher sind äußerst hilfreich und lesenswert, trotzdem hier schon einmal die wichtigsten Grundlagen, wie Sie gute Kommandos geben können:

- Achten Sie auf Ihre Körpersprache. Bewegen Sie sich unbewusst, wenn Sie Ihrem Hund ein Kommando geben? Viele Menschen lehnen sich etwa vor, wenn sie den Hund zu sich rufen. Für den Hund ist das widersprüchlich: Die Haltung sagt »Geh!«, das gesprochene Signal (das Kommando) jedoch »Komm!«. Dies ist nur ein Beispiel von vielen.

- Beugen Sie sich nicht über den Hund. Sie werden dies häufig lesen. Es kann aber auch nicht oft genug betont werden. Auch Hunde haben einen Sicherheitsabstand. Ein viel größeres Wesen, dass sich über sie beugt, missachtet ihre Fluchtdistanz und das mögen Hunde genauso wenig wie Menschen.

- Achten Sie auf Ihre Stimme. Klingen Sie – wie gesagt – immer positiv und euphorisch, aber passen Sie Ihre Stimme auch dem Kommando an. L-a-a-ngsame, tiefe Kommandos beruhigen den Hund, begeisterte, hohe regen ihn an.

- Sagen Sie es nur ein Mal. Dies ist für Menschen eine der schwersten Lektionen. Geben Sie Ihrem Hund die Chance zu lernen, was das Kommando sagt. Lange Kombinationen, wie »Komm, komm her, guter Junge, nun mach schon, KOMM HER!« sind für den Hund unverständlich. Wenn er auf »Hier!« oder »Komm!« nicht reagiert, machen Sie es ihm nicht noch schwerer, als es ohnehin schon ist: Wiederholen Sie nur dieses eine Kommando!

- Verbinden Sie ein Kommando mit einem Handzeichen, dürfen Sie die Kombination nicht wechseln. Denn dann kann der Hund Sie nicht verstehen.

Clicker-Training

TRAINING MIT DEM CLICKER

Clicker-Training ist in den letzten zehn Jahren äußerst beliebt geworden. Viele Hundetrainer nutzen den Clicker, da er eine positive Verstärkung des Hundeverhaltens mit sehr präzisem Timing ermöglicht. Der Clicker ist ein kleines Kästchen mit einer Metallzunge. Drückt man darauf, entsteht ein Klickgeräusch. Man gewöhnt den Hund daran, auf das Klicken zu achten, indem man erst klickt und ihn dann sofort mit einem Leckerchen belohnt. Wenn er das Klicken mit der Belohnung in Verbindung gebracht hat, kann das Training beginnen.

Das Wichtigste dabei ist der richtige Zeitpunkt! Der »Klick« muss absolut präzise sein, sonst belohnen Sie Ihren Hund nicht für das positive Verhalten, sondern dafür, dass er damit aufhört. Wenn Sie »clickern« möchten, besuchen Sie am besten einen Kurs oder informieren sich ausführlich in der Fachliteratur. Clicker sind toll für das Training, ihr korrekter Einsatz muss aber erlernt werden.

Grundlagen auffrischen

Wenn Sie einen erwachsenen Hund haben, beherrscht er diese Grundkommandos wahrscheinlich schon. Aber es schadet nie, wenn Sie und Ihr Hund sie noch einmal auffrischen, bevor Sie neue Tricks und Spiele erlernen. Nutzen Sie also die ersten zwei Minuten jeder Spieleinheit, um sie zu trainieren:

SITZ

Stellen Sie sich mit einem Leckerchen in der Hand vor Ihren Hund. Heben Sie die Hand. Geht seine Nase hoch und folgt der Hand, senkt er den Po ab. Führen Sie die Hand leicht über seinen Kopf. Setzt er sich währenddessen, geben Sie ihm das Kommando »Sitz!« und belohnen ihn sofort mit dem Leckerchen.

BLEIB

Lassen Sie den Hund »Sitz!« machen und zeigen ihm ein Leckerchen. Gehen Sie ein paar Schritte zurück und sagen dabei »Bleib!«. Steht er auf, lassen Sie ihn wieder sitzen und beginnen erneut. Belohnen Sie ihn anfangs schon nach ein paar Sekunden »Bleib!« und verlängern die Phase dann mit jedem Üben ein wenig.

PLATZ

Lassen Sie den Hund »Sitz« machen. Nun zeigen Sie ihm ein Leckerchen und führen es am Boden langsam von ihm weg, während er sich vorlehnt. Senkt er den Körper ab und legt sich hin, um es zu erreichen, sagen Sie sofort »Platz!« und belohnen ihn.

Einfache Tricks

Egal wie alt oder groß Ihr Hund ist oder was für einen Charakter er hat, er kann immer neue Tricks erlernen. Es ist natürlich hilfreich, wenn er »Sitz!«, »Platz!« und »Bleib!« bereits beherrscht, aber wenn diese Kommandos schon etwas eingerostet sind (oder er sie schlicht nie gelernt hat), frischen Sie sie einfach mit den Tipps von Seite 15 auf. Wenn Sie Ihrem Hund nie besondere Tricks beigebracht haben, beginnen Sie am besten mit etwas, was er gerne tut. Achten Sie also auf sein alltägliches Verhalten. Beginnen Sie mit etwas einfachem, damit Ihr Hund schnell ein Erfolgserlebnis hat (und natürlich gelobt und mit Leckerchen belohnt wird). So gewinnt er schnell an Selbstvertrauen.

Gib mir Fünf

Diese einfache Übung ist für Hunde aller Größen geeignet und schnell zu erlernen. Bei einem größeren Hund kniet man sich am besten vor ihn und hält die Hände in seiner üblichen Pfotenhöhe. Ist der Hund kleiner, setzt man sich im Schneidersitz vor ihn und hält die Hände etwas tiefer. Sie können »Gib mir Fünf!« aber auch im Stehen üben. Manche Hunde stützen sich zunächst lieber mit beiden Pfoten gegen die Hände, spielen also »Gib mir Zehn!«, bevor sie dann ihr Gewicht auf nur eine Pfote verlagern.

▶ EINS Lassen Sie den Hund »Sitz!« machen. Knien oder setzen (je nach Größe) Sie sich ihm gegenüber hin, oder stellen Sie sich mit 30–60 cm Abstand ihm gegenüber auf.

◀ ZWEI Halten Sie eine Hand hoch und sagen Sie begeistert »Gib mir Fünf!«. Ein sehr verspielter Hund hebt vielleicht direkt die Pfote und berührt Ihre Hand. Bei anderen muss man kurz die Pfote antippen oder sie leicht anheben, damit sie die Idee verstehen. Diesen Trick übt man besser ohne Leckerchen, da die meisten Hunde direkt mit Nase und Schnauze dem Leckerchen folgen, was aber hier nicht erwünscht ist. Schließlich geht es um die Pfote.

▶ DREI Sobald der Hund nach Ihnen pfötelt, drücken Sie Ihre ausgestreckte Handfläche gegen seine Pfote, helfen ihm, die Balance zu halten, und loben ihn begeistert. Wenn Sie »Gib mir Zehn!« üben wollen, tippen Sie mit der zweiten Hand gegen seine andere Pfote oder heben Sie sie vorsichtig an, wenn Ihr Hund es akzeptiert, dass Sie seine Pfoten bewegen. Sind die Pfoten in Position, loben Sie ihn ausgiebig, auch wenn er sie nur eine Sekunde dort lässt. Sobald er versteht, worum es geht, wird er die Pfoten länger oben lassen. Dieser Hund hier nimmt beim »Gib Zehn« eine bettelnde Position ein und steigt aus dem Sitzen auf. Manche Hunde stehen zum »Gib Zehn!« lieber auf. Ermuntern Sie den Hund, die ihm angenehmste Position einzunehmen.

Linke Pfote, rechte Pfote

Wenn Ihr Hund öfter mal nach Ihnen oder Ihren Besuchern pfötelt, um Aufmerksamkeit zu bekommen, kann diese Übung Abhilfe schaffen. Statt davon genervt zu sein, werden Ihre Besucher dann bestimmt entzückt reagieren. Mit den Kommandos »Linke Pfote!«, »Rechte Pfote!«, können Sie Ihrem Hund beibringen, mit einer bestimmten Pfote »Gib mir Fünf!« zu spielen. Hunde, die sehr nasenorientiert sind, muss man immer mal wieder daran erinnern, dass sie ihre Pfote benutzen sollen. Die meisten Hunde haben eine Lieblingspfote. Stellen Sie also durch abwechselndes Üben mit Rechts und Links sicher, dass Ihr Hund die Übung mit beiden Pfoten erlernt.

▼ EINS Lassen Sie den Hund »Sitz!« machen. Knien oder setzen (je nach Größe) Sie sich ihm gegenüber hin, oder stellen Sie sich mit 30–60 cm Abstand ihm gegenüber auf. Tippen Sie mit der rechten Hand gegen sein linkes Vorderbein, heben Sie die geöffnete Hand und sagen Sie »Linke Pfote!«. Falls nötig, heben Sie sanft seine Pfote an und führen sie vorsichtig an Ihre rechte Hand.

PFÖTCHEN GEBEN

Für manche Hunde ist es angenehmer, ihre Pfote einfach hochzuhalten, statt sie mit den Ballen gegen eine Hand zu drücken. Wenn also »Gib mir Fünf!« bei Ihrem Hund nicht funktioniert, versuchen Sie es einmal mit »Gib Pfötchen!« und halten Ihre Hand sanft unter seine Pfote. Sie können es dann später noch einmal mit »Gib mir Fünf!« probieren. Beenden Sie eine Trainingseinheit aber immer mit etwas, was Ihr Hund bereits beherrscht, wie etwa »Sitz!«, damit das Training auf jeden Fall positiv endet.

ZWEI Sobald seine Pfote Ihre Hand erreicht, loben Sie den Hund ausgiebig. Keine Sorge, wenn er die Pfote sofort wieder wegnimmt. Mit der Zeit gewöhnt er sich an diesen Trick und lässt die Pfote länger in der gewünschten Position.

DREI Wiederholen Sie die Übung mit Ihrer linken Hand und seiner rechten Pfote. Loben Sie den Hund wieder, sobald seine Pfote in Position ist, auch wenn er sie sofort wieder wegnimmt. Wenn er etwas anderes versucht, machen Sie nur einen verneinenden »Uh-uh!«-Laut und versuchen Sie es noch einmal. Die meisten Hunde lernen diesen Trick sehr schnell und haben schon nach wenigen Übungseinheiten Spaß daran, wenn sie »Linke Pfote! Rechte Pfote!« in schneller Folge abwechseln.

ZWEI Sitzt der Hund, halten Sie ein Leckerchen kurz hinter seiner Nase über seinen Kopf und geben das Kommando »Sag Bitte!«. Der Hund wird den Kopf automatisch zurücklehnen, um das Leckerchen zu sehen und mit dem Fang danach zu greifen. Dabei hebt er die Vorderpfoten und richtet sich auf dem Po sitzend auf.

EINS »Sag Bitte!« übt man am besten mit Leckerchen. Lassen Sie den Hund zunächst vor sich sitzen.

Sag Bitte

Dies ist die klassische Bettelhaltung, die Sie bestimmt von zahlreichen Hundefotos kennen. Besonders kleinere Hunderassen müssen diese Haltung nicht erlernen, sondern nehmen sie ganz von alleine ein. Für größere Hunde ist sie eher unangenehm, denn es fällt ihnen schwer, so die Balance zu halten. Ist Ihr Hund größer und mag diese Haltung nicht, lassen Sie ihn lieber mit einer erhobenen Pfote (wie beim »Gib mir Fünf!«) »Sag bitte!« sagen. Das ist angenehmer für ihn.

SICHERHEIT

Man kann es nicht oft genug sagen: Üben Sie diese Haltung nicht mit Hunden, die einen langen Rücken haben, unter Hüft- oder Rückenproblemen leiden oder älter sind! Achten Sie dennoch darauf, welche Bewegungen Ihrem Hund angenehm sind. Dieser kleine Dackel-Spaniel-Mischling hat zwar einen langen Rücken, nimmt die Bettelhaltung aber mit Begeisterung von ganz alleine ein. Trotzdem sollte er die Übung nur selten zeigen. Wenn eine Haltung Ihrem Hund keine Probleme bereitet, können Sie sie normalerweise auch nutzen.

▶ DREI Sobald der Hund aufrecht sitzt, loben Sie ihn und geben ihm das Leckerchen. Lassen Sie den Hund anfangs nicht länger als 1–2 Sekunden so verharren. Erst wenn der Hund sich daran gewöhnt hat, können Sie einen Moment warten, bevor Sie ihn mit dem Leckerchen belohnen.

Mach Männchen

Dieser Trick geht noch einen Schritt weiter als »Sag Bitte!«, denn der Hund lernt, 1–2 Sekunden auf den Hinterbeinen zu stehen. Genau wie »Sag Bitte!« liegt dieser Trick kleinen Hunden eher als großen Hunden. Er fällt ihnen schlicht leichter. Besonders nützlich ist »Mach Männchen!«, wenn Ihr Hund dazu neigt, auf den Hinterbeinen zu tänzeln und nach Ihnen zu pföteln, ohne dass Sie es wünschen. Wenn Sie den Trick üben, lernt er, nur noch auf Kommando Männchen zu machen, also nur, wenn Sie es wollen.

SICHERHEIT
Tricks, bei denen der Hund auf den Hinterbeinen balanciert, wie »Mach Männchen!«, »Sag Bitte!« und »Geh mit!«, sind nicht für ältere Hunde, für Hunde mit Übergewicht, langem Rücken oder Rücken- oder Hüftproblemen geeignet. Diese Tricks sind eine zu starke Belastung für die Wirbelsäule und die Gelenke.

▶ EINS Lassen Sie Ihren Hund »Sitz!« machen und stellen Sie sich in kurzer Entfernung ihm gegenüber auf.

◄ ZWEI Sitzt er entspannt, halten Sie ein Leckerchen kurz hinter seiner Nase über seinen Kopf. Genau wie bei »Sag Bitte!« (siehe S. 22–23) wird der Hund sich hochrecken, um das Leckerchen zu erreichen. Tut er dies, sagen Sie ermunternd »Mach Männchen!« und heben das Leckerchen noch ein wenig höher.

▶ DREI Statt dem Hund das Leckerchen zu geben, wenn er aufrecht auf dem Po sitzt, ermuntern Sie ihn, sich noch ein wenig mehr zu strecken (ein aufmunterndes »Hoch!« kann zusätzlich helfen). Sobald er sich auf die Hinterbeine erhebt, belohnen Sie ihn mit dem Leckerchen und loben ihn ausgiebig. Üben Sie, bis er problemlos auf den Hinterbeinen balancieren kann.

GROSSE HUNDE

Springt Ihr großer Hund gerne hoch und Sie möchten dies mit einem Kommando belegen (damit er es nur noch tut, wenn Sie es wünschen), üben Sie als Alternative zu »Mach Männchen« mit ihm »Arm in Arm!« (siehe S. 62–63), das schränkt die Höhe ein, in die er sich aufrichtet.

▶ EINS Um aufrecht gehen zu lernen, muss der Hund zunächst sicher auf den Hinterbeinen stehen können. Üben Sie also zunächst »Mach Männchen!« mit ihm. Wenn er sicher steht, stellen Sie sich mit einem Leckerchen in der Hand in ein bis zwei Schritten Abstand ihm gegenüber hin und halten es über seine Nase.

Geh mit

Wenn Ihr Hund problemlos Männchen machen kann, können Sie versuchen ihm beizubringen, in dieser Haltung zu laufen. Ist der Hund gut darin, beherrscht er bereits eine der Grundbewegungen des Dogdancing – Sie können also beide stolz sein. Wenn es ihm Spaß macht, können Sie auch versuchen ihm beizubringen, in dieser aufrechten Haltung zu hüpfen oder sich zu drehen – und schon haben Sie die erste kleine Kür.

ZWEI Bewegen Sie sich langsam rückwärts und erhöhen Sie so den Abstand zu Ihrem Hund. Locken Sie ihn mit einer Geste und sagen Sie »Geh mit!«. Steht er sicher, wird er versuchen, einen oder zwei Schritte zu machen. Geben Sie ihm das Leckerchen und loben Sie ihn begeistert, sobald er auch nur den kleinsten Schritt wagt.

DREI Bauen Sie seine Fähigkeit zu gehen langsam auf, indem Sie bei jeder Trainingseinheit eine Sekunde länger warten, bis Sie ihm das Leckerchen geben. Bitten Sie den Hund nie aufrecht zu gehen, wenn er sich dabei unwohl fühlt. Halten Sie die Übungseinheiten kurz und wechseln Sie mit anderen Spielen ab, damit der Hund zwischendurch auf allen Vieren läuft!

Gib Zehn im Steh'n

Ist ein kleinerer Hund bei »Gib mir Fünf!« im Sitzen nicht besonders begeistert bei der Sache, stellt sich aber gerne auf die Hinterbeine und folgt Ihnen, können Sie ihm stattdessen »Gib Zehn!« beibringen. Üben Sie zunächst »Mach Männchen!«, bis der Hund richtig entspannt auf den Hinterbeinen steht, und erst dann »Gib Zehn!«. Da Sie bei diesem Trick beide Hände einsetzen, üben Sie besser ohne Leckerchen. Damit Ihr Hund Ihre Hände gut mit den Pfoten erreichen kann, knien Sie sich beim Üben am besten vor ihn. So können Sie entspannt Ihre Handflächen in der richtigen Höhe halten und Ihr Hund kann sich besser abstützen, um die Balance zu halten.

SICHERHEIT

Helfen Sie Ihrem Hund nur dabei, die Balance zu halten. Halten Sie Ihn auf keinen Fall an den Pfoten hoch, damit er länger stehen bleibt. Lassen Sie ihn die Pfoten jederzeit absetzen, wenn er möchte.

▼ ZWEI Geben Sie das Kommando »Mach Männchen!«, falls nötig begleitet von einem aufmunternden »Hoch!«.

▶ EINS Knien Sie sich in ca. 30 cm Entfernung vor Ihren Hund und lassen Sie ihn »Sitz!« machen.

▼ DREI Sobald der Hund auf den Hinterbeinen steht, halten Sie ihm Ihre Handflächen entgegen und sagen »Gib Zehn!«. Sie können ihn auch stützen, wenn er Hilfe beim Balancieren benötigt. Seine Ballen sollten dabei gegen Ihre Handflächen drücken. Loben Sie ihn ausgiebig, sobald er die Haltung eingenommen hat, auch wenn er sie nur für einen kurzen Moment hält.

◀ EINS Sprechen Sie den Hund an und warten Sie, bis er Sie aufmerksam ansieht. Dann halten Sie ein Leckerchen über seine Nase und führen es langsam im Kreis herum.

Dreh dich

Auch dieser Trick ist eine Dogdancing-Figur. Der Hund lernt, auf Kommando Ihrer Hand zu folgen und sich im Kreis zu drehen. Man kann ihn gut mit einem Leckerchen üben. Vergessen Sie nicht, gleichzeitig das Kommando »Dreh dich!« zu geben, sonst wird es schwerer, den Hund später nur auf das Kommando umzugewöhnen. Wenn Ihr Hund zu den vielen gehört, die sich vor Begeisterung von ganz alleine drehen, können Sie das Verhalten verstärken, indem Sie immer »Dreh dich!« sagen und ein Leckerchen geben, wenn er sich dreht.

▲ ZWEI Sobald der Hund Ihrer Hand folgt, geben Sie das Kommando »Dreh dich!« und bewegen die Hand dabei langsam weiter.

LERNTIPP

Wenn Sie einen ganz neuen Trick üben, nutzen Sie immer Leckerchen und Lob gemeinsam, dann bleibt Ihr Hund auch begeistert bei der Sache. Wenn der Hund nach und nach versteht, was in der Übung von ihm verlangt wird, loben Sie ihn jedes Mal ausgiebig, wenn er es richtig macht, aber geben nur noch alle zwei bis drei Mal ein Leckerchen. Wählen Sie als Belohnung immer Leckerchen, die der Hund besonders liebt. So lernt er, dass es sich für ihn lohnt, Ihnen aufmerksam zu folgen.

◀ DREI Hat sich der Hund einmal ganz um sich selbst gedreht, loben Sie ihn ausgiebig und belohnen ihn mit dem Leckerchen.

▶ VIER Wiederholen Sie die Übung ein oder zwei Mal und belohnen Sie den Hund erst nach einer vollen Kreisbewegung – später dann erst nach zwei bis drei Kreisen. Bewegen Sie Ihre Hand nach und nach etwas schneller und führen Sie den Hund später nur noch mit dem gestreckten Finger statt einem Leckerchen. So lernt er schnell, sich auf Kommando zu drehen.

Ins Bettchen

Es kann sehr hilfreich sein, wenn Ihr Hund lernt, sich ab und zu ruhig auf seinen Platz zurückzuziehen. Die meisten Hunde haben einen oder zwei Lieblingsplätze, an die sie gehen, wenn sie ihre Ruhe haben wollen. Wenn Sie ihn also ab und zu aus den Füßen haben möchten, bringen Sie ihm bei, dass er beim Kommando »Ins Bettchen!« an einen gestimmten Platz geht. Nutzen Sie das Kommando (zumindest anfangs) nur, um ihn an einen bestimmten Ort – wie seine Decke oder sein Körbchen – zu schicken und nicht als generelles Kommando, sich ruhig hinzulegen.

▲ EINS Wählen Sie das »Bettchen«, in das Sie Ihren Hund schicken, sorgfältig aus. Es sollte ein Ort sein, an dem er sich gerne hinlegt. Warten Sie dann eine Zeit ab, zu der er sich normalerweise von alleine zurückzieht, wie nach einem langen Spaziergang oder einer Spielstunde. Schauen Sie in Richtung des Platzes und geben Sie das Kommando »Ins Bettchen!«.

◀ ZWEI Ist der Hund
müde und möchte seine
Pause machen, müssen
Sie ihn nicht lange auf-
fordern. Wahrscheinlich
kommt er dann sofort
und legt sich auf seinen
Lieblingsplatz.

◀ DREI Wenn er nicht zu
»seinem« Platz geht, gehen Sie dort
hin, knien sich daneben, rufen ihn
und klopfen aufmunternd darauf.
Legt er sich hin, loben Sie ihn und
belohnen ihn mit einem Leckerchen.
Dann lassen Sie ihn allein. Mit etwas
Übung bedeutet »Ins Bettchen!« für
ihn »Ruhepause«.

Jetzt ist es genug

Mit dieser Übung lernt der Hund, sich auf Kommando zu beruhigen. Ein übermütiger Hund muss lernen, dass die Spielstunde vorbei ist, wenn Sie es sagen. Gerade nach ausgelassenem Spielen fällt es vielen Hunden schwer, wieder ruhig zu werden. Dabei kann diese Übung sehr hilfreich sein, egal ob Sie zu Hause oder in der freien Natur sind. Denken Sie immer daran, dass Ihr Tonfall das Verhalten Ihres Hundes stark beeinflusst. Wenn Sie mit hoher, animierter Stimme sprechen, animieren Sie den Hund und erregen seine Aufmerksamkeit. Wenn der Hund sich beruhigen soll, sprechen Sie ruhig und mit tiefer, leiser Stimme. Schreien Sie niemals. So bekommen Sie vielleicht die Aufmerksamkeit des Hundes, aber er wird Ihnen deswegen nicht besser gehorchen.

KLEINE HUNDE

Keiner will einen aufdringlichen Hund, aber kleinen Hunden lassen ihre Menschen oft vieles durchgehen, nur weil sie kleiner sind und es daher weniger auffällt, wenn sie sich aufspielen. Wenn Sie einen kleinen Hund haben, lassen Sie nicht zu, dass er einen Napoleon-Komplex entwickelt: Wenn er ein »Stopp!«-Signal und »Ins Bettchen!« beherrscht, ist er bestimmt überall ein gern gesehener Gast.

▲ EINS Eine typische Situation: Die Spielstunde ist vorbei, aber der Hund springt mit seinem Spielzeug weiter herum und ignoriert Sie. Den Versuch, ihm das Spielzeug wegzunehmen, sieht er als erneute Spielaufforderung. Was also tun? Bleiben Sie ruhig stehen und laufen Sie ihm nicht nach. Sagen Sie mit ruhiger, leiser und bestimmter Stimme »Stopp!« und halten Sie Ihre Hand dazu ausgestreckt Richtung Boden.

▶ ZWEI Ignoriert der Hund Sie weiter, sagen Sie erneut »Stopp!«, aber etwas tiefer und leiser. Der Hund wird dies bemerken und sich Ihnen zuwenden. Sobald Sie seine Aufmerksamkeit haben, geben Sie ein vertrautes Kommando (wie etwa »Sitz!«). Er wird wahrscheinlich sofort reagieren, da das »Stopp!« das Spiel unterbrochen hat und er wieder aufmerksam ist. Loben Sie ihn, sobald er sich hinsetzt.

▶ DREI Üben Sie »Stopp!« regelmäßig und nicht nur, wenn der Hund erregt ist, sondern auch, wenn er ruhiger ist. Anfangs wird das Kommando selten funktionieren, wenn der Hund aufgedreht ist. Wenn Sie aber täglich üben, werden Sie sehen, dass er sich automatisch beruhigt, wenn Sie das »Stopp!«-Kommando geben. Ignorieren Sie Fehlversuche einfach, aber loben Sie jeden Erfolg ausgiebig.

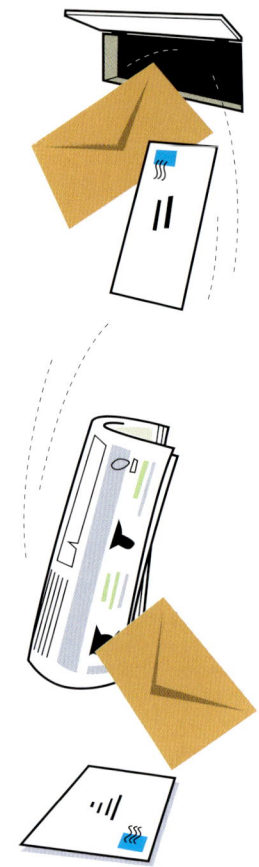

Wer ist an der Tür?

D ie meisten Hunde rennen mit, wenn man die Tür öffnet und ihr aufgeregtes Bellen und Springen kann unkontrollierbar werden. Wenn Sie dem Hund aber beibringen zu bellen, wenn jemand vor der Tür steht, können Sie das Bellen auch besser wieder abstellen. Der Hund lernt nämlich, dass er auf Ihr Kommando hin bellen soll. Es ist also gefordertes Verhalten und kein Reflex, den er einsetzt, wann er will.

▲ EINS Bellt Ihr Hund, wenn jemand zur Tür kommt, warten Sie den Moment ab, in dem er anfängt, und geben Sie das Kommando »Wer ist da?«. Lassen Sie Ihre Stimme, wie bei allen Aufmunterungen, ansteigen und er wird begeistert weiter bellen! Sollten Sie einen der seltenen Hunde haben, die bei Besuchern nicht bellen, müssen Sie abwarten, bis er aus einem anderen Grund bellt, wie beispielsweise während eines aufregenden Spiels.

◀ ZWEI Sobald der Hund bellt, laufen Sie mit ihm zur Tür (wenn er nicht schon dort ist). Dann beenden Sie sein Bellen mit der nach unten gerichteten Hand und einem bestimmtem, tiefen »Stopp!« (siehe S. 34–35). Es wird eine Weile dauern, bis Ihr Hund auf Kommando bellt und wieder aufhört, aber die Mühe lohnt sich. Mit diesem Trick bekommen sie anhaltendes Bellen in jeder Situation unter Kontrolle. Üben Sie regelmäßig – wenn möglich jeden Tag.

▶ DREI Manchmal hilft es, den Hund etwas anderes tun zu lassen, sobald er mit dem Bellen aufhört – das lenkt ihn ab und hält ihn davon ab, wieder anzufangen. Lassen Sie ihn etwas einfaches tun, was er beherrscht, wie etwa »Sitz!« oder »Platz!«.

Spiele für Regentage

Ihr Hund sprüht nur so vor Energie, für einen langen Spaziergang regnet es viel zu stark, aber Sie halten diese herzzerreißenden Hundeseufzer einfach nicht mehr aus! Was also tun? Dieses Kapitel liefert Ihnen einige Anregungen, wie Sie Ihren Hund auch im Haus ausreichend beschäftigen können. Ob Sie ihn mit dem bei Hunden beliebten »Hundekuchen«-Spiel ablenken, Ihren Gästen mit »Schäm dich!« eine kleine Vorführung gönnen oder über Ihren »Luftblasenjäger« herzlich lachen – bis die Sonne sich wieder zeigt, sind Sie auf jeden Fall gut beschäftigt.

Hundekuchen

Dieses sehr einfache Spiel wird Ihrem Hund viel Spaß machen. Die Vertiefungen des Muffinblechs sind so tief, dass sich die Tennisbälle nicht einfach herausrollen lassen. Der Hund muss sie herausheben, um an das Leckerchen darunter zu kommen. Die meisten Hunde begreifen das Spiel sofort. Sollte Ihr Hund aber etwas Hilfe benötigen, heben Sie einen Ball kurz an und zeigen ihm das Leckerchen. Nur für Hunde, die viel mehr an den Bällen als an Leckerchen interessiert sind, eignet sich dieses Spiel nicht. Ein ballverrückter Hund wird einfach mit dem ersten Ball weglaufen und versuchen, Sie zum Spielen aufzufordern – auch keine schlechte Idee!

KLEINE HUNDE

Einige Zwergrassen haben eine zu kleine Schnauze, um einen Tennisball anzuheben. Nehmen Sie in diesem Fall ein Backblech für Mini-Muffins und kleinere, leichtere Bälle. Auch der kleinste Chihuahua kann Tischtennisbälle anheben und wird dann genauso viel Spaß an diesem Spiel haben wie ein großer Hund.

◀ EINS Nehmen Sie ein Muffin-Backblech und so viele Tennisbälle (oder andere Bälle gleicher Größe) wie Vertiefungen. Legen Sie je ein Lieblingsleckerchen Ihres Hundes in die Vertiefungen und decken Sie es dann mit einem Ball ab.

ZWEI Legen Sie die Backform auf den Boden, heben Sie einen Ball kurz an und zeigen Sie Ihrem Hund das darunter liegende Leckerchen. Nun ist er dran. Zunächst wird er die Bälle zur Seite wegrollen wollen, aber bald merken, dass er sie anheben muss.

DREI Sobald der Hund unter einem oder zwei Bällen seine Lieblingsleckerchen entdeckt hat, wird er begierig unter den anderen suchen. Wenn er das Spiel begriffen hat, können Sie auch seine Zeit dabei stoppen. Verwenden Sie kleine Leckerchen – schließlich soll er ja spielen und nicht fressen. Und immer schön daran denken, die Form vor dem nächsten Backen gründlich zu spülen!

◀ EINS Lassen Sie den Hund »Sitz!« machen und dabei zusehen, wie Sie das Leckerchen unter die Matte legen. Legen Sie es anfangs direkt unter die Kante, damit er einfach drankommt.

Schäm dich

Dieses Spiel macht Ihren Besuchern bestimmt Spaß. Aber warten Sie mit der ersten Vorführung vor Publikum, bis Ihr Hund das Spiel wirklich sicher beherrscht. Dann wird er damit bestimmt Applaus ernten. Nutzen Sie einen kleinen Teppich oder eine Matte, die leicht genug ist, dass der Hund sie mit der Nase einfach anheben kann. Für kleinere Hunde eignet sich beispielsweise eine Badematte, ein größerer Hund, wie ein Schäferhund, kann auch den Rand eines kleinen Läufers oder Vorlegers anheben.

◀ ZWEI Sagen Sie dann in aufmuntern-
dem Tonfall »Schäm dich!« und klopfen
mit der Hand auf den Rand der Matte. Der
Hund wird seine Nase darunter schieben,
um an das Leckerchen zu kommen. Loben
Sie ihn, sobald er seine Nase unter die
Matte schiebt.

▲ DREI Fischt der Hund so schnell nach dem Leckerchen, dass er den Kopf
nicht unter die Matte stecken muss, halten Sie es mit der Hand unter dem Rand
der Matte fest. Lassen Sie es erst los, wenn Ihr Hund seine Nase wirklich unter
die Matte steckt. Sobald er verstanden hat, wie das Spiel funktioniert, lassen Sie
nach und nach das Leckerchen weg. Üben Sie »Schäm dich!« regelmäßig, bis
Ihr Hund das Kommando beherrscht.

GROSSE HUNDE

Manche großen Hunde legen ihren Kopf ungern direkt auf den Boden
und mögen diesen Trick daher nicht. Legen Sie in diesem Fall eine Matte oder ein Kissen auf einen Stuhl
und verstecken Sie das Leckerchen darunter, damit
der Hund den Trick in einer Höhe ausführen kann,
die ihm angenehmer ist.

Nimm das

Dieser Trick ist ein wichtiger Baustein für viele verschiedene Spiele. Hierbei lernt Ihr Hund, auf Kommando etwas mit der Schnauze aufzunehmen – sei es aus Ihrer Hand oder (in einem zweiten Schritt) vom Boden. Manche Hunde begreifen den Trick sofort, andere brauchen etwas länger. Am besten üben Sie mit etwas, mit dem Ihr Hund gerne spielt. Einem Hund, der Bälle liebt, werden Sie nicht lange sagen müssen, dass er einen Ball aufheben soll. Hunde, die mit Freude apportieren, spielen oft gerne mit einem Plüschtier, Hunde, die lieber am Spielzeug kauen, bevorzugen oft ein robustes Kauspielzeug, das nicht gleich kaputtgeht.

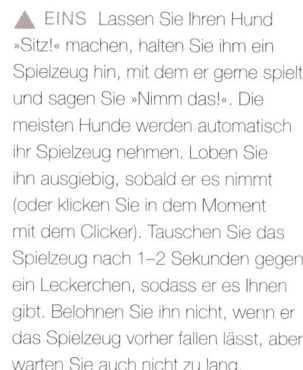

▲ EINS Lassen Sie Ihren Hund »Sitz!« machen, halten Sie ihm ein Spielzeug hin, mit dem er gerne spielt und sagen Sie »Nimm das!«. Die meisten Hunde werden automatisch ihr Spielzeug nehmen. Loben Sie ihn ausgiebig, sobald er es nimmt (oder klicken Sie in dem Moment mit dem Clicker). Tauschen Sie das Spielzeug nach 1–2 Sekunden gegen ein Leckerchen, sodass er es Ihnen gibt. Belohnen Sie ihn nicht, wenn er das Spielzeug vorher fallen lässt, aber warten Sie auch nicht zu lang.

◀ ZWEI Wenn der Hund das Spielzeug zuverlässig aus Ihrer Hand nimmt und festhält, versuchen Sie »Nimm das!«, wenn es in der Nähe auf dem Boden liegt.

◀ DREI Halten Sie den Abstand zum Spielzeug anfangs sehr gering und schauen Sie beim Kommando darauf. Loben Sie den Hund erneut ausgiebig (oder klicken Sie), sobald er es aufnimmt. Das Timing muss genau stimmen, damit der Hund weiß, wofür er gelobt wird. Sobald er das Spielzeug zielstrebig aufnimmt, können Sie mit dem Lob einen Moment länger warten. Wenn er das Spiel versteht, können Sie auch mit verschiedenen Spielzeugen üben, damit er das Kommando mit der Aktion und nicht mit dem Spielzeug verbindet und lernt, verschiedene Dinge aufzunehmen.

▼ VIER Wenn Ihr Hund gelernt hat, verschiedene Spielzeuge aufzunehmen, können Sie mit dieser Übung die Spielstunde beginnen: Lassen Sie ihn sein Spielzeug selbst tragen, wenn Sie zum Spielen hinausgehen. Dann wird er noch begeisterter auf das Kommando hören.

Essen ist fertig!

Was ist hinreißender als ein Hund, der Ihnen seinen Napf bringt, wenn er Hunger hat? Sie benötigen dazu nur einen leichten Napf, z.B. aus Kunststoff, den der Hund gut aufnehmen und tragen kann, und einen Hund, der »Nimm das!« kennt und es gerne spielt. Wenn er das Spiel begreift, können Sie ihn mit dem Napf auch zu Besuchern schicken. Bitten Sie sie nur, dem Hund zu sagen »Essen ist fertig!«.

▼ EINS Das Spiel besteht aus zwei Teilen: Zuerst lernt der Hund, den Napf aufzunehmen und zu Ihnen zu bringen. Beginnen Sie, indem Sie den Napf neben sich stellen und dem Hund das Kommando »Nimm das!« geben. Loben Sie ihn, wenn er den Napf aufnimmt und im Maul behält.

SICHERHEIT Verwenden Sie nur leichte, stabile Hundenäpfe für dieses Spiel. Hunde nehmen Metall nicht gerne ins Maul und Keramik- oder Glasschüsseln zerbrechen zu leicht und können das Maul verletzen.

▲ **ZWEI** Sobald der Hund den Napf gerne aufnimmt, lassen Sie ihn den Napf bringen. Wenn der Hund schon das Kommando »Hol's!« kennt, verwenden Sie es. Wenn nicht, sagen Sie aufmunternd »Hol's!« oder »Bring's her!« und locken ihn mit Stimme, Körpersprache und vielleicht einem Leckerchen.

▶ **DREI** Wenn er den Napf bringt, sagen Sie »Essen ist fertig!«, loben ihn ausgiebig und nehmen den Napf an sich (im Tausch gegen das Leckerchen). Bei regelmäßigem Üben können Sie bald die Zwischenschritte weglassen und der Hund lernt, seinen Napf nur auf das Kommando »Essen ist fertig!« zu Ihnen zu bringen.

Löwenbändiger

Nutzen Sie für diesen Trick ein niedriges Möbel mit einer rutschfesten Oberfläche. Der Hund lernt, darauf zu springen, sich hinzusetzen und dort zu bleiben – wie Löwen im Zirkus auf ihren Hockern. Bei kleinen Hunden kann man die Übung auch mit »Sag bitte!« oder »Mach Männchen!« machen kombinieren. Wenn Ihr Hund gerne springt, wird er diesen Trick schnell lernen. Lassen Sie ihn aber nur auf ein Möbel springen, das er als »seines« betrachten kann und wo er es sich auch sonst bequem machen darf. Bleiben Sie in Ihren Regeln konsequent: Lassen Sie den Hund für einen Trick nichts tun, was er sonst nicht tun darf.

▶ EINS Stellen Sie einen Hocker oder Puff frei in den Raum, damit der Hund ausreichend Platz zum Springen hat. Klopfen Sie darauf und sagenSie »Hopp!«. Die meisten Hunde verstehen das sofort. Ist Ihr Hund unsicher, heben Sie ihn die ersten Male sanft hoch, stellen ihn auf den Hocker und belohnen ihn mit einem Leckerchen.

◀ ZWEI Wenn Sie Ihren Hund bürsten wollen, lassen Sie ihn am besten stehen (siehe Kasten links »Kleine Hunde«). Wenn Sie »Löwenbändiger« spielen möchten, lassen Sie ihn auf dem Hocker »Sitz!« machen.

▶ DREI Dann geben Sie Ihrem Hund das Kommando »Bleib!« und loben ihn nach einigen Sekunden. Viele Hunde sitzen gerne erhöht – so sehen sie besser, was um sie herum passiert. Wenn Sie »seinen« Hocker nah am Fenster platzieren, werden Sie feststellen, dass er wahrscheinlich öfter aus dem Fenster träumt.

SICHERHEIT

Ermuntern Sie den Hund, nur auf rutschfeste Flächen zu springen. Geeignet sind z. B. gepolsterte, bezogene Möbel. Glatte Oberflächen sind hingegen gefährlich, da die Pfoten darauf keinen Halt finden und der Hund abstürzen kann.

Seifenblasenjäger

Für dieses Spiel muss der Hund kaum etwas lernen, sondern kann dabei an Regentagen herrlich ein wenig seiner überschüssigen Energie abbauen. Hunde sind über Seifenblasen oft zunächst erstaunt und ihr Gesichtsausdruck ist einfach hinreißend, wenn die vermeintliche Beute plötzlich auf ihrer Nase platzt. Sie können die einfachen Seifenblasenröhrchen für Kinder nutzen, aber auch einen Strohhalm und eine starke Seifenlösung. Beginnen Sie mit einer kleinen Reihe von Blasen, bis der Hund Zutrauen fasst. Später können Sie ihn damit quer durchs Zimmer schicken oder ihn mit vor einen Ventilator gepusteten Blasen wild durchs Zimmer hüpfen lassen.

LUFTAKROBATIK

||||||||||||||||||||||||||||||||||||||||||||||||

Wenn Ihr Hund vollkommen verrückt nach Seifenblasen ist, können Sie im Internet oder in großen Tierfachhandlungen auch spezielle Seifenblasenmischungen für Hunde – mit Geruch – erhalten. Dazu gibt es sogar kleine Seifenblasenmaschinen, die Ihnen das Pusten abnehmen.

NIEMALS MIT ZWANG ...

Dieser Trick eignet sich nicht für jeden Hund. Kleine Hunde mit kurzen Beinen empfinden diese Haltung oft als unangenehm und Hunde mit empfindlichen Pfoten hassen es, wenn jemand sie dort anfasst. Zwingen Sie Ihren Hund also niemals dazu, seine Pfoten zu kreuzen. Wenn er es nicht mag, üben Sie lieber »Gib mir Fünf!« oder »Gib Pfötchen!« mit ihm – viele Hunde finden es angenehmer, ihre Pfote selbst zu reichen, als jemanden ihre Pfoten einfach so anfassen und bewegen zu lassen.

Diva oder Patriarch

Viele große Hunde nehmen diese elegante Haltung ganz von alleine ein – Halter von Windhunden und Labradoren kennen diese »Entspannungshaltung« mit gekreuzten Pfoten wahrscheinlich gut. Wenn Ihr Hund dies auch tut, loben und belohnen Sie ihn mit einem Leckerchen, wenn er sich hinlegt und die Pfoten kreuzt. Alle anderen Hunde brauchen vielleicht ein wenig Unterstützung beim Üben.

▲ EINS Warten Sie, bis Ihr Hund irgendwo entspannt liegt. Am besten üben Sie diesen Trick, wenn er sich eine Zeitlang ausgetobt hat und müde ist. Ist der Hund ausgeruht, hält er Ihre Annäherung wahrscheinlich eher für eine Spielaufforderung, springt auf und möchte beschäftigt werden.

▶ ZWEI Knien Sie sich neben Ihren Hund, nehmen Sie sanft eine Pfote in die Hand und legen Sie sie über die andere. Sagen Sie dazu begeistert »Spiel Diva!« oder »Spiel Patriarch!« (je nach Geschlecht) und loben und belohnen Sie ihn, wenn die Pfoten in Position sind.

▼ DREI Setzen Sie sich auf die Fersen zurück und schauen Sie, ob der Hund so liegen bleibt. Legt er die Pfote zur Seite, legen Sie sie wieder übereinander. Bleibt er in Position, können Sie Ihr Lob mit »Braver Hund!« verstärken. Manche Hunde pföteln nach ihrem Menschen, sobald er aufsteht. Nutzen Sie dies für ein »Gib Pfötchen!« und beenden Sie damit die Übung.

Durch den Tunnel

▼ EINS Setzen Sie sich mit angewinkelten Knien auf den Boden. Rufen Sie den Hund und lassen Sie ihn auf einer Seite neben sich »Sitz!« machen.

Bei »Durch den Tunnel!« lernt Ihr Hund, unter Ihren angewinkelten Beinen hindurchzukriechen, wenn Sie auf dem Boden sitzen. Dieses Spiel können Sie ihm am besten beibringen, wenn Sie ihn mit einem Leckerchen locken. Kleineren Hunden fällt es einfacher als großen Hunden, da sie schlicht mehr Platz haben. Aber auch mittelgroße Hunde lassen sich dazu bewegen, wenn das Leckerchen verlockend genug ist. Ist Ihr Hund schlicht zu groß, bietet der Kasten unten »Große Hunde« eine Alternative.

GROSSE HUNDE

Große Hunde passen oft einfach nicht unter den Beinen ihres Menschen hindurch. Dann suchen Sie eben einen Ersatz für den Beintunnel, wie etwa eine Hürde in passender Höhe oder einen niedrigen Tisch mit Tischdecke. Locken Sie den Hund mit einem Leckerchen, darunter hindurchzukriechen.

◀ ZWEI Nehmen Sie ein Leckerchen in die Hand und halten Sie es dem Hund von der anderen Seite des Tunnels in Bodenhöhe entgegen. Er wird den Kopf senken und danach schnüffeln. Tut er dies, ziehen Sie das Leckerchen langsam von ihm weg. Folgt er dem Leckerchen, geben Sie das Kommando »Durch den Tunnel!«. Ist er ganz hindurchgekrochen, loben und belohnen Sie ihn.

▶ DREI Hat der Hund verstanden, worum es bei dem Spiel geht, belohnen Sie ihn nur noch nach jedem zweiten oder dritten erfolgreichen Versuch. Setzen Sie aber nicht direkt nur auf Lob, nur weil Ihr Hund es einmal richtig gemacht hat. Mit ein wenig Übung werden Sie ihn gar nicht mehr mit der Hand locken müssen, sondern er reagiert direkt auf das Kommando.

Schleichender Indianer

Wenn Sie bereits »Durch den Tunnel!« (siehe S. 54–55) geübt haben, ist Ihrem Hund die kriechende Bewegung des sich »anschleichenden Indianders« ja schon vertraut. Am besten lassen Sie ihn zum Üben »Platz!« machen. Warten Sie nicht, bis er sich auf die Seite rollt und die Beine zu einer Seite streckt. Das ist keine gute Ausgangsposition. Üben Sie das Anschleichen auf einer weichen Fläche, wie einem Teppich. Die meisten Hunde kriechen nicht gerne auf kalten, harten Böden.

▼ EINS Beginnen Sie, wenn Ihr Hund liegt, aber sich noch nicht entspannt auf die Seite gerollt hat. Seine Hinterbeine sollten also noch unter dem Körper liegen, nicht zu einer Seite. Halten Sie mehrere Leckerchen bereit, denn Sie werden wahrscheinlich mehrere Versuche benötigen, um ihn zum Kriechen zu überreden.

▼ ZWEI Halten Sie ein Leckerchen zwischen Daumen und Zeigefinger außer Reichweite des Hundes etwa 10 cm über den Boden. Will er aufstehen, machen Sie verneinend »Uh-uh!« und lassen ihn wieder »Platz!« machen.

▼ DREI Führen Sie das Leckerchen langsam von ihm weg. Halten Sie es nicht zu tief, denn dann wird er versuchen, seine Nase unter Ihre Hand zu schieben. Wenn Sie es dicht über den Boden halten, können Sie ihn einfacher zum Kriechen verleiten. Sobald er loskriecht, sagen Sie »Indianer!« und loben und belohnen ihn ausgiebig!

SICHERHEIT

Dieser Trick ist für ältere Hunde, Hunde mit einem langen Rücken oder Hunde mit Rücken- oder Hüftproblemen ungeeignet. Die Kriechbewegung kann bestehende gesundheitliche Probleme noch verstärken.

▼ VIER Locken Sie den Hund erneut mit Leckerchen und Kommando. Achten Sie immer auf die Höhe des Leckerchens, damit er nicht aufsteht. Sobald er ein wenig weiterkriecht, loben und belohnen Sie ihn. Lassen Sie den Hund nicht zu weit kriechen und üben Sie nicht zu lang, denn diese Haltung ist für ihn anstrengend. Sie wollen seine Gelenke ja nicht schädigen.

Auszeit!

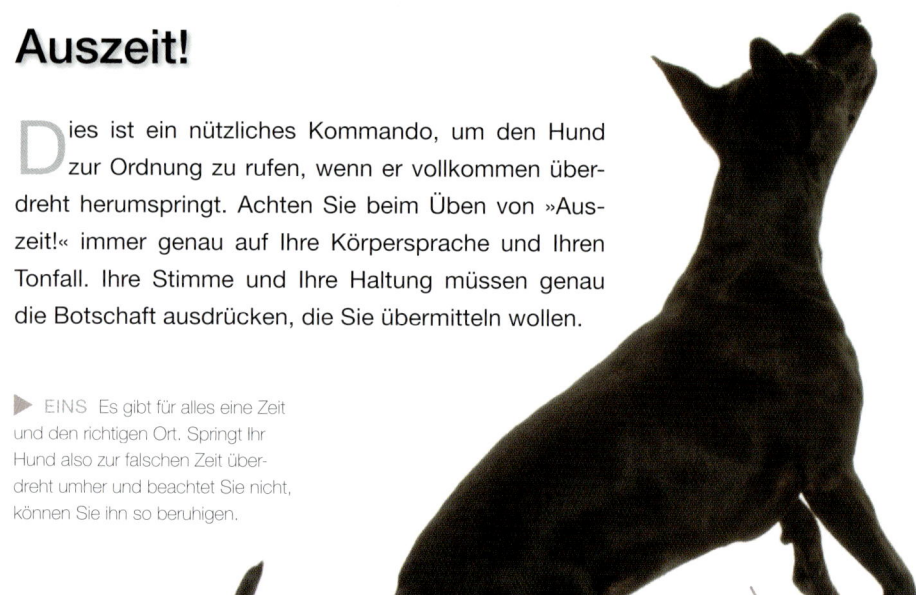

Dies ist ein nützliches Kommando, um den Hund zur Ordnung zu rufen, wenn er vollkommen überdreht herumspringt. Achten Sie beim Üben von »Auszeit!« immer genau auf Ihre Körpersprache und Ihren Tonfall. Ihre Stimme und Ihre Haltung müssen genau die Botschaft ausdrücken, die Sie übermitteln wollen.

▶ EINS Es gibt für alles eine Zeit und den richtigen Ort. Springt Ihr Hund also zur falschen Zeit überdreht umher und beachtet Sie nicht, können Sie ihn so beruhigen.

DER TON MACHT DIE MUSIK!

Um den Hund zu beruhigen und seine Aufmerksamkeit auf sich zu lenken, müssen Sie das Kommando bestimmt aussprechen und gegebenenfalls mit einem klaren Handzeichen verstärken. Stellen Sie sich mit Abstand gerade hin. Beugen Sie sich nicht über Ihren Hund. Wenn er sich bedroht fühlt, kann er sich schlecht konzentrieren und lernen.

▶ ZWEI Halten Sie dem Hund Ihre Handfläche entgegen und sagen Sie bestimmt »Auszeit!«. Geben Sie das Kommando nur ein Mal. Bei gutem Timing in einem kurzen ruhigen Moment wird der Hund sich Ihnen zuwenden. Bewegen Sie sich beim Kommando etwas auf ihn zu. Wenn Sie das Handzeichen sonst für das Kommando »Bleib!« verwenden, können Sie ein anderes Handzeichen »erfinden«, das für den Hund noch keine Bedeutung hat.

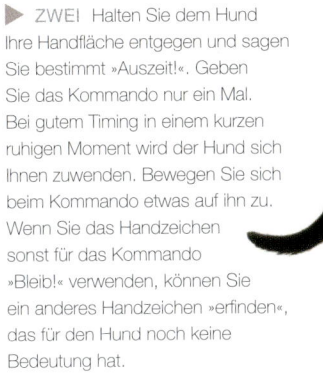

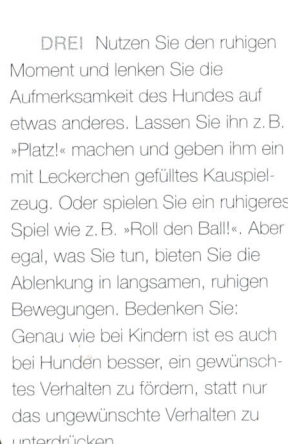

DREI Nutzen Sie den ruhigen Moment und lenken Sie die Aufmerksamkeit des Hundes auf etwas anderes. Lassen Sie ihn z. B. »Platz!« machen und geben ihm ein mit Leckerchen gefülltes Kauspielzeug. Oder spielen Sie ein ruhigeres Spiel wie z. B. »Roll den Ball!«. Aber egal, was Sie tun, bieten Sie die Ablenkung in langsamen, ruhigen Bewegungen. Bedenken Sie: Genau wie bei Kindern ist es auch bei Hunden besser, ein gewünschtes Verhalten zu fördern, statt nur das ungewünschte Verhalten zu unterdrücken.

Zeit zu zweit

Jede Zeit, die Sie mit Ihrem Hund alleine verbringen, ist wertvoll. Dieses Kapitel gibt Ihnen Anregungen, wie Sie Ihre gute Bindung festigen können. Der Hund muss sich auf Sie konzentrieren und darauf, was Sie ihm beibringen möchten – und Sie und ein paar Gegenstände sind das Zentrum dieser Spiele. Ob Sie dem Hund beibringen möchten, mit Ihnen Arm in Arm zu gehen (Achtung: Nur für große Hunde geeignet!), ihn eine Einkaufstasche tragen lassen oder ob er Ihnen vor dem Spazierengehen die Schlüssel bringt – hier lernen Sie, wie es geht. Sie können Ihrem Hund aber auch beibringen, Sie zu suchen oder zu fangen – beides sind gute Spiele für allzu unabhängige Hunde, denen eine etwas engere Bindung nicht schadet!

Arm in Arm

Genau wie ein bellfreudiger Hund durch »Wer ist an der Tür?« lernen kann, nur auf Kommando zu bellen, lernt ein großer Hund durch »Arm in Arm« nur zu springen, wenn er dazu aufgefordert wird. Wenn Sie ihm beibringen, sich an Ihrem Arm abzustützen, kann ihn das auch von der Idee abbringen, sich weiter aufzurichten und Ihnen herzhafte »Hundeküsse« zu geben. Wenn Ihr Hund dieses Spiel begeistert mitmacht, können Sie ihm auch beibringen, ein paar Schritte mit Ihnen »Arm in Arm« zu gehen.

◀ EINS Lassen Sie Ihren Hund »Sitz!« machen und stellen Sie sich seitlich vor ihn. Winkeln Sie den ihm zugewandten Arm an, klopfen Sie mit der anderen Hand auf Ihren Unterarm und sagen Sie »Arm!«. Diesen Trick lehren Sie besser ohne Leckerchen, denn der Hund soll ja die Pfoten auf Ihren Arm legen und nicht mit dem Maul auf das Leckerchen zielen. Wenn der Hund zögert, ermuntern Sie ihn mit einem freundlichen »Hopp!«.

KLEINE HUNDE

Dieses Spiel ist nichts für kleine Hunde, auch wenn sie gerne springen. Für sie eignet sich eine Variante, bei der Sie sich neben Ihren Hund setzen oder knien und ihm den Arm hinhalten. Wundern Sie sich aber nicht, wenn Ihr Hund hochspringt und Ihnen einen saftigen »Hundekuss« gibt, denn diese unmittelbare Nähe ist einfach zu verlockend.

◄ ZWEI Sobald der Hund aufsteigt, unterstützen Sie seine Vorderpfoten mit dem Unterarm und helfen ihm, Balance zu halten. Halten Sie Ihren Arm so, dass er ihn mit den Pfoten gut erreicht, und loben Sie ihn, sobald er sich an Ihnen abstützt. Lassen Sie den Hund nicht lange so stehen, außer diese Haltung ist ihm offensichtlich angenehm. Mit ein wenig Übung kann der Hund bald mehrere Sekunden mit Ihnen Arm in Arm stehen.

Fang mich

Alle Spiele, die Ihren Hund dazu ermuntern, von Ihnen wegzulaufen, sind weniger gut. Bei diesem Spiel lernt er aber, Ihnen zu folgen. So merkt er sich gleichzeitig, dass er derjenige ist, der darauf achten muss, wo Sie hingehen, nicht umgekehrt. »Fang mich!« und »Wo bin ich?« sind besonders praktische Spiele, wenn Ihr Hund dazu neigt, einfach umherzustreunen. Wenn jedes Zurückkommen zu Ihnen ein tolles Ereignis ist, werden Sie es in Zukunft einfacher haben, ihn von etwas abzurufen, das er eigentlich gerne weiter verfolgen würde. Aber auch für Sie ist es ein gutes Training.

▲ EINS Dieses Spiel spielt man am besten draußen, denn im Haus ist meist zu wenig Platz zum Nachlaufen. Warten Sie, bis Ihr Hund in etwas Entfernung mit etwas anderem beschäftigt und abgelenkt ist. Achten Sie aber darauf, dass er nicht zu abgelenkt ist, wie etwa beim Spiel mit seinem besten Freund. Mit etwas Übung wird Ihr Hund das Nachlaufenspiel lieben und Ihnen immer folgen, wenn Sie weglaufen.

LERNTIPP

Wenn Sie nicht so schnell laufen können, dass Ihr Hund zum Nachlaufen animiert wird, lassen Sie ihn zwischen sich und einer zweiten Person hin- und herlaufen. Die meisten Hunde lieben es, da sie von beiden Lob und Aufmerksamkeit erhalten.

▶ ZWEI Laufen Sie von Ihrem
Hund weg und rufen Sie ihn dabei.
Haben Sie beim Rufen einen
positiven, aufmunternden Tonfall.
Sie können das Rufen auch durch
Klatschen und Pfeifen begleiten.
Schauen Sie über die Schulter, ob er
Ihnen folgt, halten Sie aber nicht an.
Rennen Sie dann, so schnell
Sie können.

▼ DREI Hunde lieben es, ausge-
lassen zu toben. Sobald Ihr Hund
bemerkt, dass Sie ein Spiel mit
ihm spielen, dass er sonst nur mit
anderen Hunden spielt, wird er Ihnen
begierig nachjagen. Loben Sie ihn
begeistert, wenn er Sie einholt – und
laufen Sie dann wieder weiter. Ohne
den Überraschungseffekt wird er Sie
nun aber sofort wieder einholen!

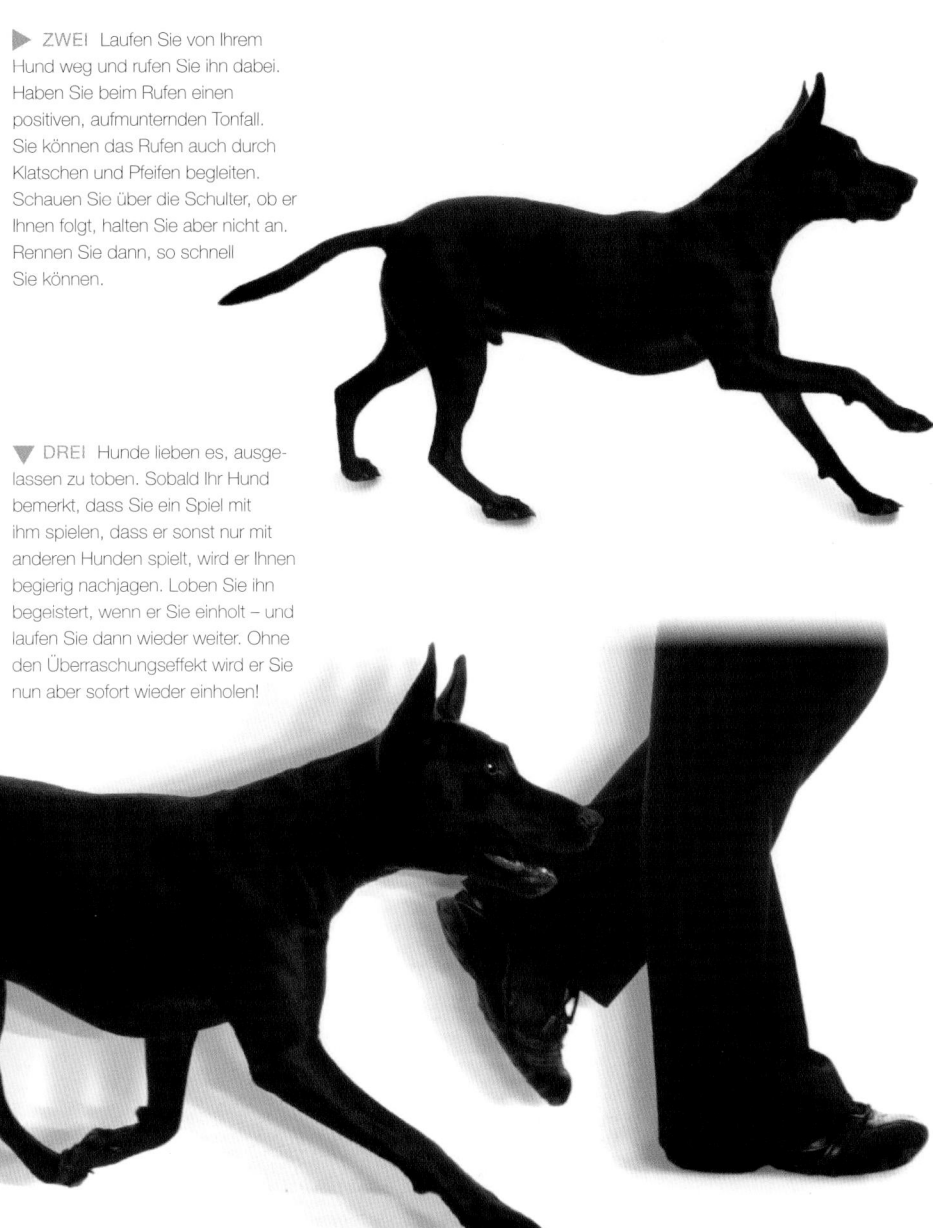

Im Kreis herum

Dieses Spiel ist mit »Dreh dich!« verwandt, aber hier läuft der Hund um Sie herum statt im Kreis. Im Dogdancing ist dies eine äußerst beliebte Figur. Wenn Ihr Hund offensichtlich Spaß daran hat, können Sie ja versuchen, gemeinsam auf Musik im Kreis zu tanzen – viele Hunde sind noch begeisterter bei der Sache, wenn ihr Mensch mitmacht. Wenn Ihr Hund gelernt hat, einem Zielobjekt zu folgen, können Sie ihn dann Ihrem Finger statt einem Leckerchen folgen lassen. Ansonsten lässt sich die Übung gut mit Leckerchen üben.

▲ EINS Rufen Sie den Hund zu sich und erregen Sie seine Aufmerksamkeit. Dann locken Sie ihn entweder mit dem ausgestreckten Zeigefinger oder mit einem Leckerchen, vor Ihrem Körper langzugehen und geben dazu das Kommando »Im Kreis!«.

ZWEI Sobald der Hund Ihrer Hand bzw. dem Leckerchen folgt, locken Sie ihn seitlich am Körper vorbei. Halten Sie die Hand dabei eng am Körper, damit der Hund in einem engen Kreis um Sie herum läuft.

DREI Führen Sie die Hand so weit wie möglich hinter den Körper, ohne sich zu drehen, und wechseln Sie das Leckerchen dann schnell in die andere Hand oder wechseln Sie einfach die Hand mit dem ausgestreckten Zeigefinger.

VIER Führen Sie den Kreis zu Ende, dann loben Sie den Hund begeistert und belohnen Sie ihn.

Wo bin ich?

Genau wie »Fang mich!« ist dieses Spiel gut für Hunde geeignet, die Ihre ständige Anwesenheit für selbstverständlich halten. Einfacher spielt es sich draußen (wo mehr Platz und Unbekanntes ist und sich mehr Verstecke anbieten), aber bei schlechtem Wetter eignet es sich auch für drinnen. Verstecken Sie sich an verschiedenen Orten und wählen Sie auch unerwartete Verstecke – spielen Sie so, wie Sie auch mit Kindern spielen würden. Ihr Hund wird zunächst verblüfft und dann begeistert sein, wenn er Sie endlich – z. B. im Schrank – gefunden hat. Und Ihr Hund lernt, dass es eine gute Idee ist, Sie immer im Auge zu behalten, egal was er macht.

LERNTIPP

Normalerweise klappt dieses Spiel nur einmal pro Tag oder alle zwei Tage, denn nach einer Runde lässt Ihr Hund Sie zunächst nicht mehr aus den Augen. Dadurch eignet es sich aber als Übung zu Trainingsbeginn, denn Sie können sich anfangs der vollen Aufmerksamkeit des Hundes sicher sein.

▶ EINS Warten Sie, bis Ihr Hund etwas abgelenkt ist (nur leicht abgelenkt und nicht etwa fünf Minuten, nachdem er einen neuen Kauknochen bekommen hat), und verstecken Sie sich. Suchen Sie ein ungewöhnliches Versteck in einem anderen Zimmer aus; machen Sie es ihm nicht zu leicht.

▶ ZWEI Rufen Sie den Hund oder pfeifen Sie nach ihm. Der Hund wird aufhorchen und nach Ihnen suchen. Wenn er länger braucht, rufen Sie noch einmal, aber nicht ständig! Schließlich ist es seine Aufgabe, Sie zu finden, und er hat durch seinen scharfen Geruchssinn einen deutlichen Vorteil.

▶ DREI Wenn er Sie – im Schrank, hinter der Couch, unter dem Tisch – findet, freuen Sie sich begeistert darüber und loben Sie ihn.

Folge dem Target

Beim Target-Training lernt der Hund, mit der Nase einem Zielobjekt zu folgen. Beherrscht er dies, kann man auch komplexere Tricks üben, wie etwa selbstständiges Türenschließen. Die Übung ist einfach und zeigt, wie Sie Ihren Hund dazu bringen, Ihrer Hand oder Ihrem Finger zu folgen. Später lernt er, mit seiner Nase an das Zielobjekt, Target genannt, heranzugehen und es zu markieren.

▼ EINS Lassen Sie Ihren Hund vor sich »Sitz!« machen. Stehen oder knien Sie vor ihm, stecken Sie ein Leckerchen am unteren Ende zwischen zwei Finger, halten Sie es dem Hund mit geöffneter Handfläche hin und sagen Sie »Target!«.

GROSSE UND KLEINE HUNDE

Üben Sie »Target« mit einem großen Hund im Stehen. Halten Sie Ihre Hand in Höhe seiner Nase und lassen Sie den Hund vor sich »Sitz!« machen. Bei einem kleineren Hund sollten Sie die Hand ebenfalls auf seiner Nasenhöhe halten, also setzen Sie sich besser auf den Boden oder knien sich vor ihn, bevor Sie ihn vor sich sitzen lassen.

 **ZWEI** Er wird automatisch mit der Nase an die Hand kommen, um das Leckerchen zu bekommen. Sobald seine Nase Ihre Hand berührt, sagen Sie erneut »Target!« und belohnen ihn. Wiederholen Sie dies mit wechselnden Händen, bis der Hund die Nase sofort an Ihre Handfläche bewegt, egal welche Hand Sie benutzen.

 **DREI** Sobald der Hund verstanden hat, worum es geht, halten Sie ihm die Handfläche ohne Leckerchen hin und geben das Kommando »Target!«. Berührt seine Nase Ihre Handfläche, geben Sie das Leckerchen mit der anderen Hand. Später geben Sie es ihm nur noch nach jedem zweiten oder dritten richtigen Versuch. Klappt die Übung jedes Mal, versuchen Sie, ein Handzeichen, wie etwa einen ausgestreckten Zeigefinger, zum Target zu machen. Irgendwann folgt der Hund auch Ihrem Finger.

▶ EINS Stellen Sie sich so neben Ihren Hund, dass Sie beide in eine Richtung schauen, und lassen Sie ihn neben sich »Sitz!« machen. Nehmen Sie die Seite, die für Sie beide am angenehmsten ist oder auf der Sie ihn immer an der Leine führen. Halten Sie mehrere kleine Leckerchen bereit.

Erst links, dann rechts, dann geradeaus

Dies ist ein hübscher Trick für unterwegs. Viele Hunde lernen, sich an der Ampel brav hinzusetzen und zu warten, bis der Mensch ihnen das Kommando zum Überqueren der Straße gibt. Nur wenige lernen, vorher – genau wie wir – nach links und rechts zu sehen. Mit diesem Trick können Sie vielen Passanten ein Lächeln auf die Lippen zaubern. Demonstrieren Sie das Können Ihres Hundes aber erst, wenn er den Trick wirklich fehlerfrei beherrscht.

LERNTIPP

Es scheint logisch, den Hund für diese Übung anzuleinen, denn wenn Sie auf die Straße gehen, läuft er ja auch an der Leine. Dennoch üben Sie besser ohne Leine, denn er soll ja lernen, Ihren Kommandos zu gehorchen, statt auf Ihre Bewegungen mit der Leine zu achten. Nutzen Sie also besser die Kommandos, um ihn zu führen.

ZWEI Halten Sie ein Leckerchen mit Abstand links neben den Hund und sagen Sie dazu »Schau links!«. Sobald er den Kopf dreht, loben und belohnen Sie ihn. Wiederholen Sie dasselbe auf der anderen Seite mit »Schau rechts!«. Loben und belohnen Sie ihn wieder, sobald er den Kopf in die richtige Richtung dreht. Wiederholen Sie die Übung mit abwechselnden Seiten mehrfach. Sobald er das Kommando mit der richtigen Seite verbindet, geben Sie das Leckerchen nur noch bei jedem zweiten oder dritten richtigen Versuch.

DREI Jetzt, wo Ihr Hund nach links und rechts schaut, ist es Zeit »dann geradeaus« zu gehen. Üben Sie Schritt eins und zwei, gehen Sie dann los und sagen Sie dazu ermunternd »Dann geradeaus!«. Üben Sie alle drei Schritte hintereinander, bis er die Kommandos beherrscht. Dann können Sie die »Verkehrsprüfung« auf der Straße vorführen.

▶ EINS Warten Sie, bis es fast Zeit für den nächsten Spaziergang und Ihr Hund vor Vorfreude schon ganz aufgeregt ist. Legen Sie die Leine für den Hund gut erreichbar hin (auf den Boden oder einen niedrigen Tisch). Machen Sie ihn auf sich aufmerksam, zeigen Sie auf die Leine und sagen Sie »Nimm das!«.

Nimm die Leine

Viele Hunde tragen auf dem Spaziergang gerne etwas im Maul mit sich herum. Warum sollten Sie Ihrem Hund also nicht beibringen, seine Leine selbst zu tragen, wenn er nicht angeleint ist. Leinen aus Kunstfaser sind dafür am besten geeignet, denn Ketten oder schwere Lederleinen sind zu schwer und nicht gut aufzunehmen. Üben Sie am besten erst »Nimm das!« (S. 44–45), bevor Sie mit »Nimm die Leine!« beginnen. Üben Sie auch mit der Leine zunächst im Haus oder im Garten, bevor Sie es im Park ausprobieren. Schließlich soll der Hund die Leine nicht irgendwo fallen lassen.

KLEINE HUNDE

Wenn Sie diesen Trick einem sehr kleinen Hund beibringen, sollten Sie sicherstellen, dass die Leine leicht und kurz genug ist (durch Zusammenknoten), dass er sie einfach tragen kann. Eine zu lange, schwere Leine wird er schnell ablegen.

▶ ZWEI Loben Sie ihn, wenn er die Leine nimmt. Schleift sie über den Boden und es stört ihn, verkürzen Sie sie durch Verknoten. Dann sagen Sie »Komm!« und gehen schnell los. Der Hund wird Ihnen wahrscheinlich folgen und die Leine mit sich tragen. Lässt er sie fallen, wiederholen Sie »Nimm das!« und warten, bis er sie wieder aufnimmt, bevor Sie zügig weitergehen.

▼ DREI Nach mehreren Übungseinheiten sollten Sie den Hund auch im Freien auf sicherem Gelände die Leine tragen lassen können. Stellen Sie sicher, dass der Hund weiß, dass er bei »Nimm die Leine!« neben Ihnen laufen soll. Wenn es ans Spielen geht, nehmen Sie zuerst die Leine zurück, damit sie nicht verloren geht.

Einkaufen

Wenn Sie Ihrem Hund beigebracht haben, seine Leine zu tragen, können Sie auch probieren, ihn eine Tasche tragen zu lasen. Eine weiche, waschbare Stofftasche ist für große Hunde ideal geeignet, für einen kleinen Hund benötigen Sie eine kleine Tasche. Legen Sie ein oder zwei leichte Gegenstände hinein (z. B. eine Packung Leckerchen oder Spielzeuge – so können Sie den Hund gleich belohnen, wenn er sie eine Zeitlang getragen hat). Verknoten Sie die Henkel, wenn der Hund die Tasche so leichter tragen kann.

◀ EINS Genau wie bei »Nimm die Leine!« (S. 74–75) legen Sie die Tasche zunächst gut erreichbar und offen hin. Geben Sie vom anderen Ende des Raums das Kommando »Nimm das!«. Will der Hund in der Tasche nach dem Inhalt wühlen, halten Sie ihn mit einem verneinenden »Uh-uh!« davon ab. Loben Sie ihn, sobald er die Tasche aufnimmt.

ZWEI Wenn der Hund verwirrt ist oder die Tasche ablegen will, weil er das Gewicht spürt, sagen Sie erneut »Nimm das!« und rufen ihn sofort zu sich.

DREI Sobald der Hund versteht, dass er mit der Tasche zu Ihnen gehen muss, hat er die Grundlage des Tricks begriffen. Auch wenn er die Tasche nur durchs Zimmer getragen hat, feiern Sie ihn begeistert, loben und belohnen ihn ausgiebig. Üben Sie regelmäßig und erhöhen Sie langsam die Strecke, die er die Tasche tragen muss. Kann der Hund die Tasche in ein anderes Zimmer bringen, können Sie den Trick auch beim Einkaufen ausprobieren und ihn z. B. die Tasche halten lassen, während Sie bezahlen.

▲ EINS Stellen Sie sich mit dem Rücken zu Ihrem Hund, machen Sie ihn aufmerksam, indem Sie sich vorbeugen und ihn locken. Halten Sie ein Leckerchen zwischen Ihre Knie, sodass er es sehen kann.

Kuckuck, hier bin ich!

Bei dieser Übung läuft der Hund von hinten zwischen Ihre Beine, setzt sich und schaut zwischen den Knien hervor. In eine solch »gefährliche« Position begibt sich ein Hund nur bei jemandem, dem er absolut vertraut. Bitten Sie Ihren Hund also nicht, die Übung mit jemand anderem auszuführen, außer er gehört zu den Hunden, die alle Menschen lieben. Diese Übung ist toll für die »kleinen Angeber«, die sich für alles anstrengen, das ihnen Applaus einbringt.

KLEINE HUNDE

Kleine Hunde sind oft ängstlich und gehen nicht gern zwischen Menschenbeine. Ist Ihr Hund nervös, knien Sie sich zunächst hin. So sind Sie eher auf seiner Augenhöhe. Locken Sie den Hund genau so mit einem Leckerchen, wie in den Schritten beschrieben.

◀ ZWEI Sobald der Hund direkt hinter Ihnen steht, führen Sie die Hand nach vorne und muntern Sie ihn auf, ihr zu folgen, und sagen Sie aufmunternd »Kuckuck!«.

▶ DREI Sobald der Hund zwischen Ihren Beinen steht, lassen Sie ihn »Sitz!« machen und loben und belohnen Sie ihn, wenn er es tut. Ermuntern Sie ihn, ein paar Sekunden sitzen zu bleiben.

Schlüsselwart

Da ein Schlüsselbund meist klein, hart und aus Metall ist, haben Hunde es leichter, ihn aufzunehmen, wenn ein weicher Anhänger daran ist, den sie einfacher mit dem Maul zu fassen bekommen. Üben Sie daher »Hol den Schlüssel!« am besten erst, wenn Sie mit etwas einfacherem »Nimm das!« geübt haben. Wenn Sie einen kleinen Beutel mit ein oder zwei Leckerchen an Ihrem Schlüsselbund befestigen, wird er sofort attraktiver für Ihren Hund.

Wenn Sie einen jungen, übermütigen und stark kauenden Hund haben, ist diese Übung keine gute Idee. Sie wollen ja nicht, dass er versehentlich Ihren Autoschlüssel verschluckt! Entscheiden Sie immer mit gesundem Menschenverstand, welcher Trick geeignet ist.

▼ EINS Lassen Sie Ihren Hund zusehen, wenn Sie einen Beutel mit Leckerchen an Ihrem Schlüsselbund befestigen. Lassen Sie ihn warten, während Sie den Schlüssel auf den Boden legen. Dann sagen Sie »Nimm das!«.

▲ ZWEI Wenn er ihn aufhebt, sagen Sie begeistert »Hol den Schlüssel!«. Lassen Sie ihn nicht zu lange nachdenken, ob er die Leckerchen selbst aus dem Beutel holen oder zu Ihnen kommen soll – rufen Sie ihn.

▼ DREI Läuft er auf Sie zu, locken und ermuntern Sie ihn weiter. Sobald er bei Ihnen ist, nehmen Sie die Schlüssel, loben ihn und belohnen ihn mit Leckerchen. Lassen Sie ihn beim Üben auch andere Dinge holen. So lernt er, verschiedene Gegenstände zu unterscheiden.

Denksport

Wie schlau ist Ihr Hund? Natürlich ist er Ihr geliebtes Haustier, also ist er auf jeden Fall hochintelligent – aber haben Sie je ausprobiert, wie schlau er wirklich ist? Die Spiele und Tricks in diesem Kapitel regen Ihren Hund dazu an, selbstständig zu denken, Probleme zu lösen und herauszufinden, was Sie von ihm möchten. Einige der Spiele erlernt er in wenigen Schritten, andere sind Langzeitprojekte – denn wenn ein Hund die Namen mehrerer Dinge unterscheiden lernen kann, kann er auch immer wieder neue hinzulernen. Jetzt, wo Sie ganz viele einfache Spiele und Tricks geübt haben, fordern Sie Ihren Hund ruhig ein wenig mehr …

1, 2, 3, Leckerchen!

Ordnung muss sein! Die Schwierigkeit bei diesem Spiel besteht darin, dass Ihr Hund die Leckerchen von oben nach unten einsammeln soll. Zunächst wird er erst einmal alle Leckerchen sofort fressen, bevor er begreift, was Sie von ihm wollen. Üben Sie also mit kleinen Leckerchen und machen Sie immer verneinend »Uh-uh!«, wenn Ihr Hund nicht richtig reagiert. Üben Sie dieses Spiel, nachdem der Hund sich gut ausgetobt hat, dann kann er sich besser konzentrieren.

LERNTIPP

Wenn Ihr Hund trotz aller Bemühungen immer einfach die Leckerchen verschlingt, statt das beabsichtigte Spiel zu erkennen, ändern Sie Ihre Taktik. Üben Sie zunächst »Folge dem Target!« (siehe S. 70–71) mit einem Finger als Target und zeigen dann von oben nach unten in die Ecken der Treppenstufen und rufen den Hund in jeder Ecke ans »Target!«. Wenn er nach jedem »Target!« belohnt wird, versteht er das Spiel vielleicht besser.

EINS Legen Sie sechs Leckerchen auf die unteren Treppenstufen – eines in jede Ecke. Rufen Sie den Hund zur Treppe, zeigen Sie auf eines der Leckerchen auf der obersten Stufe und sagen Sie »Nimm das!«. Die meisten Hunde lassen sich das nicht zweimal sagen. Nun zeigen Sie in die andere Ecke der Stufe und, sobald er das Leckerchen gefressen hat, auf die Stufe darunter.

SICHERHEIT

Dieses Spiel ist nicht für Hunde mit Rückenproblemen geeignet. Rückwärts die Treppe heruntersteigen ist schlecht für ihre Gelenke. Lassen Sie Ihren Hund dann einfach eine Strecke Leckerchen in einer bestimmten Reihenfolge vom Boden aufsammeln.

◄ ZWEI Der Hund wird rückwärts eine Stufe herabgehen müssen, um an die Leckerchen der zweiten Stufe zu kommen. Zeigen Sie wieder jedes einzeln an. Dann zeigen Sie auf die Leckerchen der untersten Stufe.

▼ DREI Sobald er die Idee des Spiels versteht, können Sie die Übung sehr schnell durchgehen. Mit etwas Übung wird Ihr Hund die Leckerchen sehr schnell in der richtigen Reihenfolge aufnehmen, ohne dass Sie sie anzeigen müssen.

Namen lernen

Ihr Hund versteht wahrscheinlich schon verschiedene Wörter. Fast alle Hunde reagieren sofort auf die Worte »Leckerchen«, »Straße« und »Bett«, die meisten Hunde kennen aber noch viel mehr. Den Rekord hält derzeit ein in Deutschland lebender Border Collie, der 300 Gegenstände vom Namen her unterscheiden kann und sie nicht nur als Gegenstand, sondern sogar auf Bildern wiedererkennt. Übertreiben Sie es aber nicht: Üben Sie anfangs nur mit zwei Lieblingsspielzeugen und bitten Sie den Hund, eines davon aufzunehmen. Üben Sie zunächst »Nimm das!« (siehe S. 44–45), bevor Sie »Namen lernen!«.

LERNTIPP

Wenn Sie mit einem Clicker arbeiten, können sie ihn bei »Namen lernen!« und bei »Geh und hol …« (siehe S. 88–89) sehr effektiv einsetzen, denn ein »Klick« in dem Moment, in dem der Hund sich dem richtigen Gegenstand zuwendet, unterstützt seine Entscheidung besser als eine verbale Ermunterung.

▼ EINS Legen Sie zwei vertraute Spielzeuge auf den Boden. Beginnen Sie nicht mit einem neuen Spielzeug, denn mit etwas Neuem wird Ihr Hund erst einmal spielen wollen und sich nicht auf die Übung konzentrieren. Rufen Sie den Hund, gehen Sie mit ihm zu den Spielzeugen und sagen Sie aufmunternd »Nimm das Tau!« (oder den Ball, Frisbee etc.).

▶ ZWEI Ihr Hund wird wahrscheinlich das Kommando »Nimm!« von »Nimm das!« erkennen und ein Spielzeug aufnehmen wollen, da er mit Ihnen spielen möchte. Wenn er sich gleich für das richtige Spielzeug entscheidet, loben und belohnen Sie ihn begeistert. Wenn er sich für das andere entscheidet, machen Sie verneinend »Uh-uh!« und zeigen Sie auf das richtige Spielzeug. Sobald er es aufnimmt, loben und belohnen Sie ihn mit einem Leckerchen. Üben Sie ein wenig, bis der Hund immer das genannte Spielzeug aufnimmt.

▶ DREI Fordern Sie nun den Hund auf, das zweite Spielzeug zu nehmen: »Nimm den Ball!«. Machen Sie verneinend »Uh-uh!«, wenn der Hund sich nun für das falsche Spielzeug entscheidet. Will er immer das erste Spielzeug aufnehmen und reagiert langsam frustriert, reichen Sie ihm das richtige und sagen Sie dazu »Nimm den Ball!«. Sobald er es nimmt, loben Sie ihn begeistert. Üben Sie täglich so lange, bis der Hund sich jedes Mal für das bezeichnete Spielzeug entscheidet.

Geh und hol …

Wenn Ihr Hund zwei Dinge unterscheiden gelernt hat und ihm das Spiel Spaß macht, können Sie sein Vokabular erweitern. Die meisten Hunde können bis zu zwölf Gegenstände unterscheiden lernen, vorausgesetzt, Sie bleiben beim Üben immer geduldig, ermuntern Ihren Hund und üben regelmäßig mit ihm. Wenn er verstanden hat, dass er eine Wahl treffen muss (was selbst für sehr schlaue Hunde manchmal ein kompliziertes Konzept ist), können Sie auch versuchen, einmal mit einem unbekannten Gegenstand zu üben. Es gibt Hunde, die dann begreifen, dass das unbekannte Wort zu dem neuen Gegenstand gehören muss, denn die anderen kennt er ja. Aber jetzt erst einmal ganz von Anfang an: Hier erfahren Sie, wie Sie das Vokabular Ihres Hundes erweitern können.

◀ EINS Legen Sie ein paar Spielzeuge auf den Boden. Am besten üben Sie mit zwei Spielzeugen, die Ihr Hund bereits mit Namen kennt, und zwei anderen. Lassen Sie ihn zuerst eines der bekannten Spielzeuge aufheben und loben und belohnen Sie ihn dafür.

◀ ZWEI Dann lassen Sie ihn das zweite bekannte Spielzeug nehmen. Nimmt er wieder auf Anhieb das richtige Spielzeug, loben Sie ihn begeistert und belohnen ihn. Nun bitten Sie ihn, eines der noch namenlosen Spielzeuge zu nehmen. Ist er verwirrt, zeigen Sie darauf, reichen es ihm und wiederholen »Nimm das ...«. Treten Sie zurück und fordern Sie nun mehrmals hintereinander dieses Spielzeug. Wenn er sich immer richtig entscheidet, variieren Sie mit den zwei bekannten Spielzeugen.

▶ DREI Sobald der Hund drei Gegenstände mit Namen kennt, können Sie mit derselben Methode weitere Wörter lernen und die Spielzeugreihe erweitern. Üben Sie aber immer erst ein neues Wort, wenn er die vorherigen sicher unterscheiden kann. Wenn er verwirrt oder frustriert reagiert, überfordern Sie ihn nicht. Reduzieren Sie die Möglichkeiten und beginnen Sie wieder mit Gegenständen, mit denen er absolut vertraut ist. Das baut sein Selbstvertrauen auf.

▼ ZWEI Wahrscheinlich wird der Hund gerne zwischen den Hütchen hindurchlaufen. Schwerer zu begreifen ist, dass er am Ende um die Hütchen herum muss, um die Acht zu vollenden. Führen Sie ihn dann langsam mit Finger oder Leckerchen um das Hütchen herum.

▲ EINS Stellen Sie zwei kleine, leichte Hütchen wie hier gezeigt auf (sie sind im Sport- und im Zoofachhandel erhältlich). Zeigen Sie dem Hund den Weg, den er gehen soll, entweder mit dem Finger oder locken Sie ihn die ersten paar Mal mit einem Leckerchen und geben Sie das Kommando »Slalom!«.

Achten laufen

Wenn Ihr Hund sich gerne im Kreis dreht und seinen eigenen Schwanz jagt, wenn er aufgedreht ist, wird er dieses Spiel wahrscheinlich mit Leichtigkeit erlernen und es lieben. Dies ist die Mini-Version eines Slalom-Parcours beim Agility-Training. Wenn Achten laufen Ihrem Hund Spaß macht, können Sie nach und nach ein paar Hütchen mehr aufstellen – im Garten oder im Park können Sie sogar einen langen Parcours aufbauen!

GROSSE UND KLEINE HUNDE

Passen Sie den Abstand zwischen den Hütchen der Größe Ihres Hundes an. Sobald der Hund sicher zwischen den Hütchen entlangläuft, können Sie den Abstand etwas verringern und die Schwierigkeit dadurch ein wenig erhöhen.

▲ DREI Nun führen Sie ihn wieder zwischen den Hütchen hindurch, um das andere Hütchen herum und wiederholen Sie das Kommando »Slalom!«. Wenn Ihr Hund dennoch nicht versteht, laufen Sie rückwärts vor ihm und locken Sie ihn hinter sich her.

▶ VIER Sobald er eine Acht vollendet hat, loben Sie ihn und geben ihm das Leckerchen. Üben Sie mehrmals hintereinander. Mit etwas Übung wird der Hund auf Kommando die Acht laufen.

Hütchen-Ball

Dieses Spiel ist eine Variation des Apportierens. Es wird besonders den ballverrückten Hunden gefallen. Sobald der Hund die Grundversion begriffen hat, können Sie vor dem Spielen zwei oder drei Hütchen im Garten aufstellen und Bälle darauflegen, damit er sich entscheiden kann, welchen er holt. So bekommt er viel Training. Oder zeigen Sie auf einen Ball und lassen ihn genau den holen. Manche Hunde verstehen dann, auf welchen Ball »ihr Mensch« zeigt, andere können sich vor lauter Auswahlmöglichkeiten gar nicht entscheiden!

▼ EINS Legen Sie einen Tennisball auf ein kleines Hütchen. (Wird Ihr Hund magisch von jedem Tennisball angezogen, tun Sie dies außer Sichtweite.) Rufen Sie ihn und geben Sie das Kommando »Hol den Ball!«. Versteht er nicht sofort, laufen Sie mit ihm zum Hütchen und zeigen mit dem Finger auf den Tennisball.

KLEINE HUNDE

Wenn Ihr Hund zu klein ist, um einen Ball von einem Hütchen zu nehmen, improvisieren Sie: Legen Sie den Ball z.B. auf eine umgedrehte Schüssel. Lassen Sie den kleinen Hund aber nicht nach dem Ball springen. Die Hütchen stehen nicht so stabil, dass er sich daran abstützen könnte.

◀ ZWEI Sobald er den Ball nimmt, loben Sie ihn begeistert. Wenn er ihn im Maul hat, rufen Sie ihn aufmunternd und begeistert zu sich.

▶ DREI Sobald er bei Ihnen ist, halten Sie Ihre Hand hin und geben das Kommando »Aus!«. Wenn er den Ball nicht sofort abgeben will, nehmen Sie ihn ihm ab (vorsichtig – er darf nicht denken, dass es ein Zerrspiel ist). Wenn er gerne apportiert, werfen Sie anschließend den Ball zur Belohnung.

HATSCHIE!!!

▲ EINS Stellen Sie den Karton auf einen niedrigen, stabilen Untergrund. Ziehen Sie ein Tuch halb heraus und sagen Sie »Nimm das! Hatschie!«. Anfangs wird er nur schwer verstehen, dass er das Tuch herausziehen soll. Hat er es einmal verstanden, geben Sie das Kommando »Nimm das! Hatschie!« aus einem Schritt Entfernung. Dann sollte der Hund auf Kommando loslaufen.

Taschentuch, bitte!

Das ist ein toller Trick, um seine Gäste zu beeindrucken: Sie geben ein lautes »Hatschie!« von sich und Ihr Hund rennt los und bringt Ihnen aus einer aufgestellten Dose ein Taschentuch. Nun gut, es wird wahrscheinlich ein wenig feucht sein, wenn er es Ihnen überreicht, aber das macht ja nichts. Hauptsache, die Gäste freut es und der Hund bekommt den verdienten Applaus. Üben Sie aber, bis der Hund den Trick perfekt beherrscht, bevor Sie ihn vorführen. Üben Sie in mehreren Schritten, denn der Trick ist sehr komplex. Halten Sie die Übungseinheiten kurz und üben Sie lieber häufiger.

LERNTIPP

Manche Hunde halten den Karton von alleine mit der Pfote fest, um das Taschentuch herauszuziehen. Wirft ihr Hund ihn aber um und kommt schlecht an das Tuch, kleben Sie den Karton mit Klebeband fest. So muss der Hund sich nur auf das Taschentuch konzentrieren.

ZWEI Loben Sie den Hund begeistert, wenn er zum Taschentuchkarton läuft. Dort angekommen benötigt er vielleicht noch ein wenig Unterstützung. Wiederholen Sie das Kommando, wenn Sie ihm helfen.

DREI Stellen Sie sicher, dass das Tuch so weit herausgezogen ist, dass der Hund es gut greifen und herausziehen kann. Ermuntern Sie ihn begeistert, sobald er zieht. Ist das Tuch aus dem Karton, rufen Sie ihn zu sich.

VIER Wenn der Hund das Tuch bringt, loben Sie ihn ausgiebig und nehmen das Tuch (wenn er es nicht gerne abgibt, halten Sie ein Leckerchen bereit, das Sie gegen das Tuch eintauschen können).

EINS Verpacken Sie ein Leckerchen, ein Quietsch-Spielzeug oder etwas anderes, was Ihr Hund liebt, in mehreren dicken Schichten Papier. Das sollte ihn zu diesem Spiel genug animieren. Zeigen Sie ihm das Paket, wackeln Sie damit falls nötig etwas hin und her, reißen Sie dann eine Ecke der obersten Schicht auf und reichen Sie ihm das Paket.

ZWEI Ermuntern Sie den Hund, die äußerste Papierschicht aufzureißen und das nächstkleinere Geschenk herauszuziehen. Lassen Sie ihn nicht gleich alle Schichten durchreißen (siehe Kasten rechts). Sobald er die zweite Schicht erreicht, nehmen Sie ihm das Geschenk mit dem Kommando »Gib mir!« ab. Loben Sie ihn begeistert, sobald er loslässt.

Geschenk auspacken

Jeder Hund kann ein Geschenk auspacken, in dem er ein Leckerchen riecht, aber wie ist es mit dem alten Kinderspiel? Es ist schon eine Leistung, wenn der Hund lernt, abwechselnd mit Ihnen mehrere Schichten auszupacken, bis er die Belohnung bekommt. Üben Sie dieses Spiel mit viel Lob und Leckerchen. Lassen Sie sich von seinem enttäuschten Ausdruck nicht entmutigen, wenn er das Geschenk an Sie zurückreichen muss. Irgendwann wird er es lernen.

▶ DREI Lassen Sie ihn zusehen, wie Sie die nächste Schicht entfernen und geben Sie ihm das Geschenk mit dem Kommando »Du bis dran!« zurück.

▼ VIER Beim ersten Mal wird der Austausch wahrscheinlich nur ein Mal funktionieren. Wenn er das Geschenk zum zweiten Mal bekommt, ist der Hund anfangs so aufgeregt, dass er sofort alles aufreißt. Versuchen Sie ihn ruhig zu halten, indem Sie die Kommandos mit ruhiger, tiefer Stimme geben. Mit der Zeit wird er lernen, sich mehrere Übergaben lang zu beherrschen, bevor er ganz auspackt.

LERNTIPP

||||||||||||||||||||||||||||||||||||||||||||||||

Wir haben um das »Geschenk« viele verschiedenfarbige Schichten Geschenkpapier gewickelt, damit sie auf dem Foto gut unterscheidbar sind. Ihrem Hund ist es aber vollkommen egal. Sie können auch Pack- oder Zeitungspapier verwenden – Hauptsache, das Spiel macht Spaß! Machen Sie die einzelnen Schichten dick oder verwenden Sie dickes Papier, damit der Hund nicht gleich alle Schichten auf einmal zerreißt, sobald er seine Zähne einsetzt.

Wie viele Finger?

Kann Ihr Hund wirklich zählen? Wahrscheinlich nicht, aber Sie können es so aussehen lassen. Er kann lernen, so oft zu bellen, wie Sie Finger hochhalten. Hierbei ist das Timing absolut wichtig: Der Hund muss wissen, wann er anfangen und wann genau er aufhören soll, zu bellen. Das ist eine schwierige Aufgabe für ihn, denn er muss auf Kommandos und Handzeichen achten (die Kommandos können Sie irgendwann weglassen). Haben Sie Geduld – sofern Ihr Hund absolut nicht bellt, wird er es mit der Zeit lernen. Je mehr Finger Sie anfangs hochhalten, desto mehr Zeit haben Sie bis zum Stoppsignal.

▼ EINS Wenn Ihr Hund schon auf Kommando bellen kann (wie bei »Wer ist an der Tür?«, S. 36–37), können Sie die Übung nutzen, um mit dem Zählen zu beginnen. Wenn nicht, fordern Sie den Hund mit einem Geräusch zum Bellen auf, sagen Sie dazu »Zähl!« und halten Sie mehrere Finger hoch. Warten Sie mit dem Üben des nächsten Schritts, bis er auf Kommando und Handzeichen bellen kann.

▼ ZWEI Jetzt üben Sie das Stoppsignal. Wenn der Hund bellt, halten Sie Ihre Hand hoch. Nach drei bis vier Bellern geben Sie mit der anderen Hand das Stoppsignal (nach unten gerichtete Hand) und sagen Sie dazu ruhig und mit tiefer Stimme »Stopp!«. Mit etwas Übung wird der Hund dies verstehen. Loben Sie ihn ausgiebig für jeden richtigen Versuch und belohnen Sie ihn.

▶ DREI Wenn der Hund sich an die Handzeichen gewöhnt hat, können Sie langsam die Kommandos, mit denen Sie Bellen und Aufhören einfordern, absetzen. Üben Sie nun, durch Hochhalten von vier Fingern der »Bell!«-Hand, zum Bellen aufzufordern und das Bellen nach genau vier Bellern mit der anderen Hand zu stoppen. Üben Sie täglich in kurzen Einheiten. Sobald Ihr Timing gut ist, können Sie auch nach drei und zwei Bellern aufhören, wodurch der Hund mehr »Zählvarianten« erlernt.

GROSSE UND KLEINE HUNDE

||||||||||||||||||||||||||||||||||||||||||||||||||||||||||||

Die Dose sollte der Größe des Hundes angemessen sein. Ein großer Hund braucht eine große Dose, damit seine Pfote gut darauf passt.

Anzeigen

▲ EINS Zeigen Sie dem Hund zunächst die leere Dose, damit er sie beschnüffeln kann. Legen Sie ein Leckerchen hinein, wenn er nicht zusieht, schließen Sie den Deckel, stellen Sie die Dose auf den Boden und rufen Sie ihn. Er wird die Dose sofort beschnüffeln.

Ein untrainierter Hund, dem man eine Dose mit einem Leckerchen zeigt, wird versuchen, sie mit den Pfoten und dem Maul zu öffnen. Nun lernt er, auf das Kommando »Zeig!« die Dose leicht mit der Pfote anzuzeigen. Sobald er es richtig macht, bekommt er das Leckerchen. Sie benötigen dazu eine kleine, leichte Kunststoffdose mit fest sitzendem Deckel und ein beliebtes Leckerchen. Schneiden Sie ein kleines Loch oder einen Schlitz in den Deckel, damit der Hund den verführerischen Duft des Leckerchens riecht.

▼ ZWEI Sobald er riecht, dass ein Leckerchen darin ist, wird er die Dose mit Pfoten und Maul zu öffnen versuchen. Lassen Sie dies nicht länger zu, sondern nehmen Sie sanft eine seiner Pfoten, legen Sie sie vorsichtig auf die Dose und geben dazu das Kommando »Zeig!«. Wenn Sie mit dem Clicker arbeiten, klicken Sie in dem Moment, in dem seine Pfote den Deckel berührt. Knien Sie sich aufrecht hin, wiederholen Sie »Zeig!« und schauen Sie, ob er verstanden hat. Wahrscheinlich müssen Sie ihm mehrmals helfen, bis er versteht, dass er die Pfote benutzen soll und wofür.

▶ DREI Sobald er selbst mit der Pfote auf den Deckel tippt, öffnen Sie die Dose und geben ihm das Leckerchen. Anfangs sollten Sie auch gute Versuche belohnen, wie etwa eine Pfotenbewegung Richtung Dose. Sobald der Hund aber an das Spiel gewöhnt ist, sollten Sie nur noch richtige Versuche belohnen.

Wo ist …?

Wenn Ihr Hund schon gelernt hat, mit der Pfote anzuzeigen, wo sein Leckerchen ist, können Sie seine Fähigkeit mit diesem Spiel noch weiter ausbauen und ihm mehrere Möglichkeiten bieten. Da er bereits weiß, dass er sich durch Anzeigen ein Leckerchen verdient, wird er durch mehrere Dosen nicht lange verwirrt sein. Lassen Sie ihn nur vorher an allen einmal schnüffeln, damit er mit ihnen vertraut ist. Wenn der Hund das Spiel bereits kennt, variieren Sie, indem Sie in alle drei oder in zwei Dosen ein Leckerchen geben – er wird sich fragen, welche er anzeigen soll. Neue Variationen (und die Aussicht auf ein zweites oder drittes Leckerchen) halten das Spiel für ihn interessant.

▼ EINS Legen Sie dem Hund drei Dosen mit Schlitz im Deckel hin, legen Sie aber nur in eine Dose ein Leckerchen. Rufen Sie den Hund und geben Sie ihm das Kommando »Zeig!«. Er wird wahrscheinlich alle Dosen beschnüffeln, aber dann die richtige Dose mit der Pfote anzeigen. Loben und belohnen Sie ihn, wenn es klappt. Ab jetzt können Sie die Sache etwas komplizierter gestalten.

▶ ZWEI Legen Sie in zwei Dosen je ein kleines Leckerchen und in die dritte ein großes. Rufen Sie den Hund und sagen Sie »Zeig!« – mal sehen, was er anzeigt! Öffnen Sie genau die Dose, für die er sich entscheidet, dann geben Sie das Kommando erneut. Wenn alle drei Dosen leer sind, wiederholen Sie dies. Sie können gespannt sein, ob Ihr Hund beim zweiten Versuch direkt das große Leckerchen anzeigt.

▼ DREI Spielen Sie »Beste Dose« mit dem Hund, indem sie in jede Dose ein anderes Leckerchen legen. Findet er direkt sein Lieblingsleckerchen? Dieses Spiel ist für beide Seiten sehr interessant, weil Sie immer wieder tippen können, wie Ihr Hund reagiert, und der Hund wird immer belohnt, denn in einer Dose wartet zumindest ein Leckerchen.

Kunststücke für Könner

Nun haben Sie und Ihr Hund gemeinsam so einige Tricks gelernt. Dann können Sie sich jetzt ein paar Kunststücken für Könner widmen. Natürlich haben Sie auch für die bisherigen Tricks teilweise viel geübt, aber dieses Kapitel bietet Ihnen ein paar zusätzliche Herausforderungen. Folgen Sie den Anleitungen genau, damit Ihr Hund auch Spaß an der Sache hat. Gestalten Sie die Trainingseinheiten kurz und fröhlich und brechen Sie stets ab oder verändern Sie etwas, wenn Ihr Hund gelangweilt oder frustriert erscheint. Ein interessierter Hund ist ein glücklicher Hund – und Sie können ihn mit viel Aufmerksamkeit, Spiel und Lernerfolg glücklich machen.

Berühr den Punkt

Ein Zielobjekt erkennen und »anzeigen« (markieren), egal wo es sich befindet, ist ein toller Einstieg in schwierigere Aufgaben. Es ist ein wichtiger Grundbaustein für Übungen, bei denen der Hund seine Kraft gezielt einsetzen soll, wie etwa beim Öffnen von Türen. Einige Hunde markieren lieber mit ihrer Nase, andere lieber mit der Pfote. Sie sollten hier aber von Anfang an darauf achten, dass der Hund die Pfote einsetzt. Denn auf seine Pfote kann er bei Übungen, bei denen er Kraft einsetzen soll, wesentlich mehr Gewicht legen.

▲ EINS Befestigen Sie ein Kunststoff-Target (eine runde Kunststoffscheibe aus dem Zoofachhandel oder z. B. der bunte Kunststoffdeckel einer Pappröhre) mit einem Klebepunkt an einem gut zugänglichen Ort – oder legen Sie das Target auf den Boden. Nun rufen Sie Ihren Hund.

SICHERHEIT

Platzieren Sie das Zielobjekt (Target) immer auf einem stabilen Untergrund. Wenn der Hund darauf zuhüpft und der Untergrund rutschig ist, wird es gefährlich und er verliert bald die Lust.

▶ ZWEI Zeigen Sie auf das Target. Der Hund wird es untersuchen wollen. Beobachten Sie, ob er es mit der Nase oder der Pfote berührt. Falls Sie einen Clicker verwenden, klicken Sie, sobald seine Pfote das Target berührt, sagen »Drücken!« und geben ein Leckerchen. Oder verwenden Sie nur Kommando und Leckerchen. Begreift der Hund nicht sofort, setzen Sie sich daneben und tippen selbst gegen das Target oder halten Sie kurz seine Pfote sanft dagegen. Dann lassen Sie es ihn erneut versuchen und loben ihn ausgiebig, wenn es klappt.

▼ DREI Sobald der Hund immer sofort ans Target geht, platzieren Sie es an unterschiedlichen Stellen, wie an der Wand, an einem Möbel oder an Ihnen selbst. Der Hund wird schnell begreifen, dass er auf das Kommando »Target!« immer seine Pfote dagegen setzen soll.

Schließ die Tür

▲ EINS Bevor Sie »Tür zu!« üben, sollte der Hund ein Target sicher markieren können (siehe S. 106–107). Sobald er den Zielpunkt immer sicher mit der Pfote markiert, platzieren Sie ihn in Pfotenhöhe an einer geeigneten geschlossenen Tür (wie etwa der Tür eines Küchenschranks) und geben das Kommando »Drücken!«.

Sie sitzen auf dem Sofa und sehen fern. Jemand kommt kurz herein und vergisst dann, die Tür wieder zu schließen. Wie toll wäre es, wenn Sie Ihren Hund bitten könnten, die Tür für Sie zu schließen? Und Ihr Hund wird sich über das Lachen und das Lob freuen, wenn es ihm vor Publikum gelingt. Üben Sie gründlich, bevor Sie den Trick in der Öffentlichkeit präsentieren, und bemühen Sie sich um einen beiläufigen Ton (»Karlchen, machst Du bitte mal die Tür zu?«) – die Überraschung wird bei den Besuchern umso größer sein, wenn Karlchen hingeht und die Tür zudrückt!

SICHERHEIT

Während Sie üben, sollten Sie die Tür festhalten und sicherstellen, dass sie nicht unkontrolliert zuschlägt. Der Hund soll ja nicht das Gleichgewicht verlieren. Auch wenn er den Trick beherrscht, sollten Sie ihn nur bekannte Türen schließen lassen, die nicht zuschlagen oder zu schwer für ihn sind.

◀ ZWEI Nach ein wenig Übung können Sie das Target nach und nach höher hängen, bis der Hund sich aufrichtet und mit einem Grossteil seines Körpergewichts gegen die Tür drückt.

▶ DREI Nun platzieren Sie das Target hoch an einer Tür, die nur angelehnt ist. Halten Sie die Tür zusätzlich fest, damit sie sich langsam schließt. Üben Sie an ein oder zwei vertrauten Türen und lassen Sie sie jedes Mal ein wenig weiter geöffnet. Geben Sie nun das Kommando »Schließ die Tür!«, wenn der Hund sich aufrichtet und drückt. Sobald der Hund sich an die Abfolge aufsteigen, drücken, Balance halten gewöhnt hat, können Sie ihn auch ohne Target bitten, die Tür zu schließen. Dieser Trick ist sehr schwierig. Motivieren Sie Ihren Hund also mit viel Lob und Leckerchen.

SICHERHEIT Wenn Sie dem Hund beibringen, Türen zu öffnen, sollten dahinter aber keine Gefahren auf ihn lauern. Vergessen Sie nicht, dass z. B. viele der üblichen Haushaltsreiniger für Hunde gefährlich und sogar tödlich sein können. Wenn der Hund eine Tür öffnen lernt, sollte nur diese Tür mit einem Tau versehen sein und dahinter sollten sich nur Leckerchen oder Spielsachen für ihn verbergen.

Öffne die Tür

Das Öffnen der Tür ist genauso beeindruckend wie das Schließen, aber meist einfacher zu üben. Türgriffe sind für Hunde schwer zu fassen, aber wenn Sie ein Tau daran binden, an dem der Hund ziehen kann, wird er es schnell begreifen. Manche Hunde lernen so, sich die Gartentür selbst zu öffnen. Sie sollten die Tür dann aber auch schließen können!

▲ EINS Stimmen Sie Ihren Hund mit einem Tauzieh-Spiel auf die Übung ein. Nutzen Sie am besten den Stoff oder das Tau, das Sie später an den Türgriff binden. Dann weiß der Hund schneller, dass er ziehen soll. Geben Sie während des Spiels das Kommando »Zieh!«, wenn der Hund zieht, um ihn an das Kommando zu gewöhnen. Dann binden Sie das Tau an die Tür, halten ihm das Ende hin und sagen »Zieh!«.

ZWEI Zögert der Hund, ziehen Sie selbst mehrfach am Tau, bis der Hund Interesse zeigt, und halten ihm dann das Ende erneut hin.

DREI Der Hund wird sofort ziehen, wenn er das Tau mit dem Maul ergreift. Halten Sie die Tür also rechtzeitig fest, damit Sie dem Hund nicht entgegenschlägt. Sobald die Tür sich öffnet, sagen Sie »Öffne die Tür!« und loben und belohnen ihn begeistert. Sobald er sicherer wird, können Sie das Kommando »Zieh!« nach und nach weglassen und dafür nur noch »Öffne die Tür!« sagen.

EINS Bevor er sein Leckerchen selbst holen kann, muss Ihr Hund aber das Öffnen von Türen beherrschen (siehe S. 110–111). Wenn er die Tür jedes Mal ohne Ihre Hilfe sicher öffnet, bereiten Sie ein Leckerchen vor, von dem Sie wissen, dass Ihr Hund es wirklich liebt, und platzieren Sie es für ihn im Schrank gut erreichbar hinter der Tür.

KLEINE HUNDE

Dieser Trick ist auch für kleine Hunde geeignet, solange die Tür nicht zu schwer für den Hund ist und er das Leckerchen greifen und wegtragen kann. Nutzen Sie für kleine Hunde einen kleinen Schrank mit gut erreichbarem Tau und platzieren Sie das Leckerchen darin auf dem Boden.

Hol dein Leckerchen

Wenn der Hund Türen öffnen kann, ist es schön, wenn er dahinter eine Belohnung findet. Dies ist auch ein toller Partytrick: Warten Sie, bis alle Gäste sich zum Essen an den Tisch gesetzt haben, tun Sie dann so, als hätten Sie vergessen, Ihren Hund zu füttern, und schicken Sie ihn, um sich sein Leckerchen selbst zu holen. Ein schöner Kauknochen oder ein Spielzeug ist dann genau richtig.

▼ ZWEI Gehen Sie mit dem Hund zum Schrank und geben Sie das Kommando »Öffne die Tür!«. Wenn er dies getan hat, zeigen Sie auf das Leckerchen (ob Kauknochen, Spielzeug mit Leckerchen oder was immer Ihr Hund mag) und sagen Sie »Hol dein Leckerchen!«. Das lässt sich normalerweise kein Hund zweimal sagen. Stellen sie aber sicher, dass es für ihn gut erreichbar liegt. Ist er unsicher, halten Sie ihm seine Belohnung hin, wiederholen Sie dabei ermunternd »Hol dein Leckerchen!« und reichen Sie es ihm.

▼ DREI Wenn Sie regelmäßig üben, wir Ihr Hund bald lernen, sich sein Leckerchen auf Kommando zu holen, und Sie können das Kommando »Öffne die Tür« weglassen. Wenn Sie eine tägliche Auszeit in den Tagesablauf einbauen möchten, können Sie ihn täglich zum Schrank schicken und die zehn Minuten Ruhe genießen, in denen er seinen Knochen kaut.

Hüpf drüber

Wenn Ihr Hund gerne springt, wird er dieses Spiel schnell lernen. Das Kunststück, bei dem er erst über die Hürde springt und zurück darunter herkriecht, ist schon schwieriger. Gestalten Sie die Kommandos für den Sprung und das Durchkriechen unterschiedlich: Sagen Sie beim Sprung mit sich hebendem Tonfall »Hopp!« oder »Drüber!« und unterstützen Sie dies mit Handzeichen. Sie können den Sprung gut mit einem Besenstil üben, der auf zwei entsprechend hohe Auflagen gelegt wird. Er sollte bei Berührung leicht herunterrollen, damit der Hund sich nicht verletzen kann.

▲ EINS Auch ein Hund, der beim Spielen herumhüpft und gerne auf Möbel springt, kann sehr zurückhaltend werden, wenn er über eine Hürde springen soll. Egal ob Sie drinnen oder draußen üben, stellen Sie die Hürde so, dass der Hund Anlauf nehmen kann, und beginnen Sie mit einem niedrigen Sprung. Sie können den Balken höher legen, wenn der Hund sich daran gewöhnt hat. Lassen Sie ihn auf einer Seite der Hürde »Sitz!« machen. Stellen Sie sich auf die andere, führen Sie ein Leckerchen im Bogen über den Balken und sagen Sie dazu »Hopp!«.

▼ ZWEI Manche Hunde springen dann sofort hinterher. Wenn nicht, gehen Sie mit ihm zum Sprung und laufen Sie mit ihm darüber. Üben Sie mehrmals, bis der Hund ohne zu zögern springt. Ist der Balken zu niedrig, erhöhen Sie ihn nach und nach. Jetzt können Sie Limbo tanzen üben.

SICHERHEIT Sprünge sollten vorsichtig geübt werden und nicht zu hoch sein. Ältere Hunde und Hunde mit Problemen an Gelenken oder Rücken sollten gar nicht zum Springen ermuntert werden. Wenn Sie sich nicht sicher sind, beobachten Sie Ihren Hund beim Spielen: Springt er dabei übermütig herum, können Sie ihn auch auf Signal springen lassen.

Tanz den Limbo

Sobald Ihr Hund über die Hürde springen kann, zeigen Sie ihm, wie er darunter herkriechen kann. So wie die Stange beim Springen anfangs nicht zu hoch liegen sollte, sollte sie nun nicht zu tief liegen. Legen Sie sie zu Beginn so, dass der Hund sich leicht ducken muss, aber nicht so niedrig, dass er auf dem Bauch kriechen muss. Üben Sie ein paar Mal, bevor Sie die Stange dann etwas niedriger platzieren.

▼ EINS Legen Sie die Stange auf eine passende Höhe. Führen Sie ein Leckerchen in niedriger Höhe von ihrem Hund weg. Er wird sich strecken, um es zu erreichen.

SICHERHEIT Ältere Hunde, Hunde mit Gelenk-, Rücken- oder Hüftproblemen sollten weder zum Springen noch zum Kriechen ermuntert werden. Beobachten Sie Ihren Hund genau und wenn er Unbehagen zeigt, brechen Sie die Übung sofort ab.

▶ ZWEI Entfernen Sie das Leckerchen weiter von seiner Nase unter die Stange. Er wird sich flach machen und strecken, um es zu erreichen, und sich unter die Stange bewegen. Locken Sie ihn so weiter und geben Sie das Kommando »Limbo!«, während er folgt.

▼ DREI Sobald er unter der Stange hindurch ist, loben Sie ihn und geben ihm das Leckerchen. Üben Sie noch zwei oder drei Mal. Wenn Ihr Hund ohne Zögern unter der Stange hindurchkriecht, können Sie sie etwas absenken. Legen Sie sie aber nicht zu niedrig. Nun können Sie Ihren Hund abwechselnd springen und den Limbo tanzen lassen.

Waschtag

Viele Hunde tragen gerne weiche Gegenstände. Dies gilt besonders für Rassen wie Spaniel und Retriever, die es meist lieben zu apportieren. Wenn Ihr Hund bereits »Nimm das!« kennt, warum lassen Sie sich nicht im Haushalt helfen und die Wäsche einsammeln? Am schwierigsten wird es sein, dem Hund beizubringen, seinen Preis auch wieder herzugeben und in den Wäschekorb zu legen. Die meisten Hunde lernen aber schnell, ein T-Shirt gegen ein Leckerchen zu tauschen.

SICHERHEIT

Es ist erstaunlich, wie vielen Hunden Tierärzte Socken oder andere kleine Gegenstände aus dem Magen herausoperieren müssen. Lassen Sie Ihren Hund außerhalb dieses Spiels nicht an Wäsche herumkauen. Wenn er gerne an weichen Dingen kaut, geben Sie ihm ein weiches Hundespielzeug.

▼ EINS Legen Sie einen Wäschehaufen in eine Zimmerecke und stellen Sie den Wäschekorb in die gegenüberliegende Ecke. Halten Sie dem Hund eine Socke hin und sagen Sie »Nimm das!«.

◀ ZWEI Sobald er die Socke nimmt, zeigen Sie ihm ein Leckerchen. Dann gehen Sie zum Wäschekorb und locken den Hund mit dem Leckerchen, mit Ihnen zu gehen.

▶ DREI Wenn der Hund die Wäsche genau über den Korb hält, halten Sie ihm die Hand mit dem Leckerchen hin. Lässt er die Wäsche fallen, sagen Sie »Waschtag!« und geben ihm das Leckerchen. Laufen Sie wieder zum Wäschehaufen und halten Sie ihm ein weiteres Wäschestück hin. Der Hund wird bald begreifen, dass er Wäsche gegen Leckerchen tauschen kann, und sie von alleine bringen. Sobald er mit dem Spiel vertraut ist, geben Sie nur bei jedem zweiten oder dritten Mal ein Leckerchen. Irgendwann sammelt Ihr Hund auf Kommando die Wäsche ein!

Salzsäule

Als Kinder haben wir ein Spiel gespielt, in dem wir uns von hinten an jemanden anschleichen und zur Salsäule erstarren mussten, sobald er sich umdrehte. Dieses Spiel können Sie auch mit Ihrem Hund spielen. Nicht alle Hunde begreifen, worum es geht. Aber selbst, wenn Sie immer zusammenstoßen, weil Ihr Hund nicht anhält, werden Sie viel Spaß haben. Bitten Sie anfangs einen Freund, mit dem Hund zu gehen und zu erstarren. Der Hund wird dann einfacher begreifen, wann er anhalten und wann er weitergehen soll.

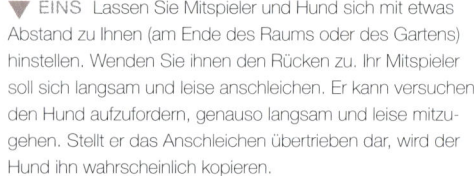

▼ EINS Lassen Sie Mitspieler und Hund sich mit etwas Abstand zu Ihnen (am Ende des Raums oder des Gartens) hinstellen. Wenden Sie ihnen den Rücken zu. Ihr Mitspieler soll sich langsam und leise anschleichen. Er kann versuchen den Hund aufzufordern, genauso langsam und leise mitzugehen. Stellt er das Anschleichen übertrieben dar, wird der Hund ihn wahrscheinlich kopieren.

▶ ZWEI Wenn noch etwas Abstand zwischen Ihnen ist, drehen Sie sich langsam um. Ihr Freund soll sofort zur »Salzsäule« erstarren und still stehen bleiben. Wenn Ihr Hund auf Sie zuspringen möchte, sagen Sie mit ruhigem, sanftem Ton »B-l-e-i-i-ib!« und ziehen das Wort in die Länge. Dann drehen Sie sich wieder um.

▼ DREI Nun soll Ihr Freund sich wieder langsam anschleichen und den Hund durch Gesten auffordern, mitzumachen. Jetzt lassen Sie sich »fangen«, bevor Sie sich umdrehen. Freuen Sie sich überschwänglich darüber. Lassen Sie den Hund anfangs maximal zwei Mal erstarren. Wenn Sie es zu spannend machen, wird er es kaum noch aushalten und losstürzen wollen. Wenn er die Beherrschung verliert und auf Sie losstürzt, machen Sie verneinend »Uh-uh!« und schicken ihn zurück.

Roll den Ball

Manche Hunde spielen genauso begeistert mit dem Ball wie ein Fußballer. Wenn Sie einen solchen Ballenthusiasten haben, bringen Sie ihm bei, wie er den Ball mit der Nase rollen, in der Luft köpfen und mit ihm in einer Mischung aus Jagen und Dribbeln umherlaufen kann, ohne dabei die »Pfotenkontrolle« zu verlieren. Wenn Ihr Hund daran Spaß hat, können Sie in einem gemischten Hund-Mensch-Fußballspiel gegeneinander antreten. Das ist nicht nur lustig, sondern auch ein hervorragendes Fitnesstraining für Sie beide. Üben Sie zunächst, den Ball zu rollen.

SICHERHEIT

Suchen Sie den Spielball für Ihren Hund sorgfältig aus. Gewicht und Größe sollten stimmen. Ist er zu schwer, kann der Hund ihn schlecht rollen oder köpfen, ist er zu leicht, nimmt er ihn einfach auf, statt ihn zu rollen. Ein schaumgefüllter, harter Hundeball in der passenden Größe ist genau richtig und bekommt von Hundezähnen auch keine Löcher.

▶ EINS Legen Sie ein Leckerchen auf den Boden, den Ball darauf und rufen Sie den Hund. Er wird den Ball mit der Nase wegschieben, um das Leckerchen zu bekommen. Sobald er schiebt, geben Sie das Kommando »Roll!« und wiederholen es immer, wenn der Hund den Ball mit der Nase berührt.

ZWEI Nach ein paar Einheiten üben Sie »Roll!«, ohne ein Leckerchen unter den Ball zu legen. Für manche Hunde ist der rollende Ball spannend genug. Sie brauchen nur wenig Aufmunterung. Wartet Ihr Hund aber, rollen Sie den Ball auf ihn zu und fordern ihn mit »Roll!« auf, ihn zurückzurollen. Machen Sie daraus ein Spiel und geben Sie ihm ein Leckerchen, wenn er Ihnen den Ball zurollt.

DREI Hat der Hund sich an das Rollen gewöhnt, können Sie beginnen, ihm den Ball sanft zuzuschießen, um ihn herumzulaufen, wenn er dribbelt, und ihn dazu zu ermuntern, mit Ihnen zu spielen, statt den Ball immer zu behalten.

▶ EINS Beginnen Sie mit dem »Roll!«-Spiel (siehe S. 122–123), damit der Hund auf den Ball begierig ist. Dann lassen Sie ihn »Sitz!« machen, halten den Ball mit beiden Händen hoch, werfen ihn ihm vorsichtig zu und sagen dazu »Roll!«.

Kopfball

Wenn Ihr Hund den Ball gut rollen kann, können Sie ihn dazu ermutigen, ihn in der Luft zu köpfen. Der Ball sollte hierfür nicht zu schwer oder groß sein – Hunde können sich während eines Spiels sehr erregen, also darf der Ball kein Verletzungsrisiko darstellen. Sobald Ihr Hund den Kopfball beherrscht, können Sie ihm beibringen, den Ball ins Tor oder über ein Netz zu köpfen, je nachdem, was Sie lieber spielen.

▼ ZWEI Wenn Ihr Hund nicht sofort versucht, zu springen und den Ball zu »rollen«, versuchen Sie es weiter. Sagen Sie beim Werfen immer »Roll!«. Sobald er mit der Nase Richtung Ball geht, loben und belohnen Sie ihn, auch wenn der Versuch misslingt.

▶ DREI Erwarten Sie von Ihrem Hund keine perfekten Kopfbälle nach nur wenigen Übungseinheiten. Üben Sie häufig und kurz und wechseln Sie Rollen und Werfen ab, damit er dribbeln und köpfen kann. Laden Sie andere Spieler (ob Mensch oder Hund) erst zum Mitspielen ein, wenn Ihr Hund den Ball ganz selbstverständlich köpft und dribbelt.

Register

Dank

Es heißt, man solle nie mit Tieren oder Kindern arbeiten. Der Verlag möchte Nick Ridley für seine wunderbar heiteren Fotografien der Hunde danken und allen Mitarbeitern der Organisation »Hearing Dogs for Dead People« (www.hearingdogs.org.uk) für ihre ausgezeichnete Mitarbeit. Unser besonderer Dank gilt Millie Smith für ihre vorausschauende Planung, ihr unorthodoxes Denken und ihre fast übermenschliche Geduld während der Fotoarbeiten. Ebenfalls danken wir allen Hundeführern und -haltern, die uns geholfen haben, sowie natürlich allen Hunden, mit denen wir nicht mehr Spaß hätten haben können. Sie haben das Vorurteil über Arbeit mit Tieren überzeugend widerlegt.

Cedar Joey Toby Chutney Bruce

Bertie Scout JD Mojo Tean

Benni Mr. Flynn Byron Juicie Brodick

Busta Whisper Max